しんかい6500

生命的歷史從海洋開始，但對於生長在陸地的人類而言，海洋是一個離我們很遠且艱澀難懂的世界。拜近年來海洋調查科技日新月異之賜，讓人類得以一窺究竟。現在就跟著我們一起探索海洋的奧祕吧！

深海6500

由 JAMSTEC 研發的載人深海潛水調查艇。顧名思義，這艘潛水艇可潛入 6500 公尺深的海底，對於深海調查做出極大貢獻。

探索生命的起源 潛入海洋世界

影像提供／ JAMSTEC

© Ethan Daniels/Shutterstock.com

深度0～200m

淺海是生命寶庫

從海洋表面至水深200公尺的海洋受到陽光照射之惠，形成一個明亮的世界。八成左右的海洋生物皆生活在這個區域。因光合作用繁衍的大量浮游植物，建構海洋食物鏈的穩固根基。

© Sergey Uryadnikov/Shutterstock.com

◀海洋是生命資源豐富的地區，生存競爭也很激烈。無論海洋或陸地，弱肉強食都是不變的真理。

▶大多數的海洋生物群聚於陸地四周的沿海淺灘中生活。

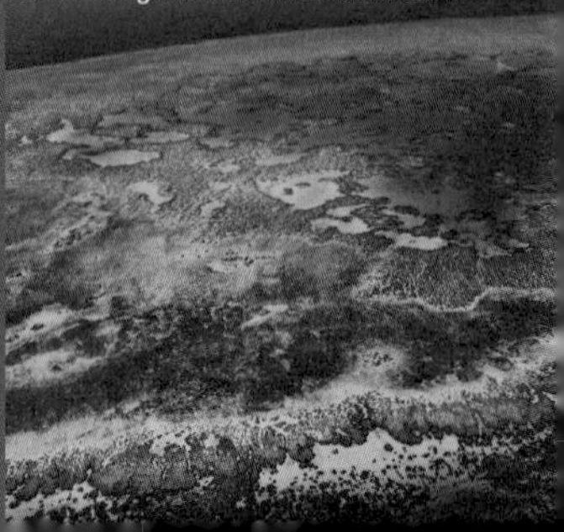

© ProDesign studio/Shutterstock.com

海洋生物的垂直分布

大多數的海洋生物棲息於淺海區域，一旦超過 200 公尺水深，生物數量銳減。陽光幾乎照射不到的深海呈現低溫高壓狀態，是生物極難存活的嚴酷世界。

陽光

大陸

大陸棚

白腹鰹鳥

比目魚

甘氏巨螯蟹

透光帶（表層）

水深 0 ～ 200 公尺。陽光充分照射，光合作用繁衍大量浮游植物，因此大多數海洋生物生長於這個區域。海底也有海藻與珊瑚生長。

弱光帶（中深層）

水深 200 ～ 1000 公尺。雖無法進行光合作用，但微弱光線仍足以讓視力絕佳的生物尋找獵物。通常透光帶的生物也會入侵到這個區域。

無光帶（底深層）

水深 1000 ～ 4000 公尺。陽光無法照射到這個區域以下的海底，不僅黑暗無光，水溫也只有 2 ～ 4℃。棲息於此區域的海洋生物以捕食從上層掉落的食物殘骸維生。

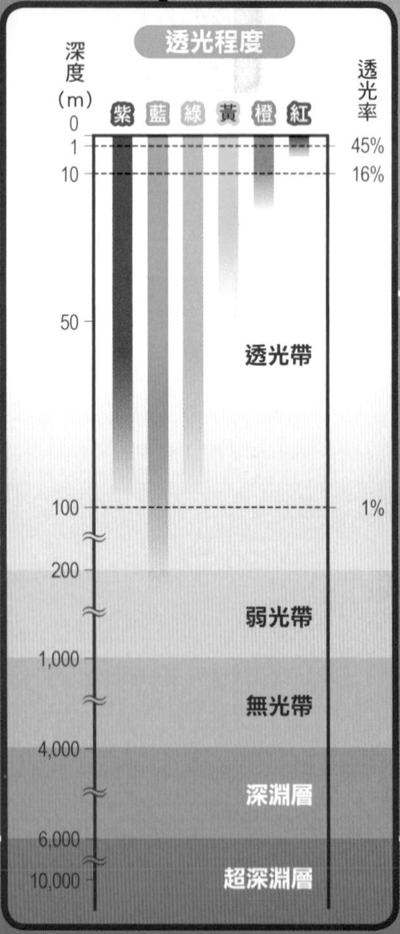

透光程度
深度（m）
紫
藍
綠
黃
橙
紅
透光率
0
1
10
50
100
200
1,000
4,000
6,000
10,000
45%
16%
1%
透光帶
弱光帶
無光帶
深淵層
超深淵層

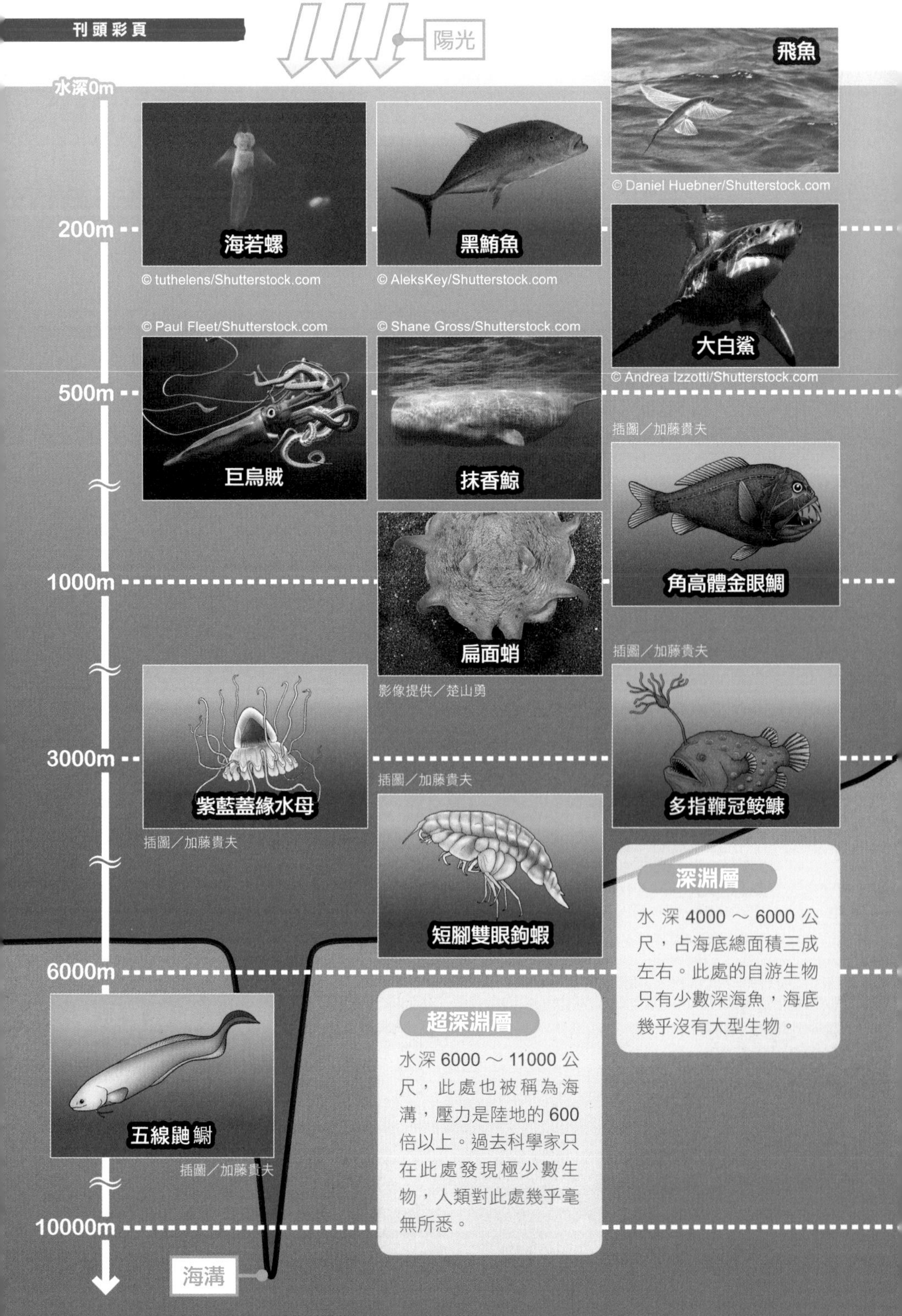
陽光
水深0m
200m
500m
1000m
3000m
6000m
10000m
飛魚
© Daniel Huebner/Shutterstock.com
海若螺
© tuthelens/Shutterstock.com
黑鰺魚
© AleksKey/Shutterstock.com
大白鯊
© Andrea Izzotti/Shutterstock.com
© Paul Fleet/Shutterstock.com
巨烏賊
© Shane Gross/Shutterstock.com
抹香鯨
插圖／加藤貴夫
角高體金眼鯛
扁面蛸
影像提供／楚山勇
插圖／加藤貴夫
紫藍蓋緣水母
插圖／加藤貴夫
插圖／加藤貴夫
多指鞭冠鮟鱇
插圖／加藤貴夫
短腳雙眼鉤蝦
五線鼬鳚
插圖／加藤貴夫
海溝

深淵層

水深 4000 ～ 6000 公尺，占海底總面積三成左右。此處的自游生物只有少數深海魚，海底幾乎沒有大型生物。

超深淵層

水深 6000 ～ 11000 公尺，此處也被稱為海溝，壓力是陸地的 600 倍以上。過去科學家只在此處發現極少數生物，人類對此處幾乎毫無所悉。

深度200～1000公尺

無光世界的生物戰爭

水深 200 公尺以下的世界，是人眼看不見光的黑暗世界。此處棲息著視覺和嗅覺發達的生物，加上植物無法生長，因此皆為肉食性生物。有時抹香鯨會為了捕食棲息此處的巨烏賊，而從上層往下游。

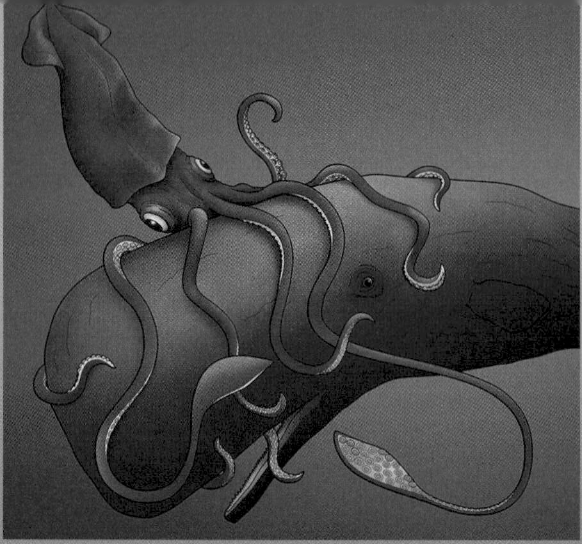

插圖／加藤貴夫

插圖／加藤貴夫

◀在此處可以發現如多指鞭冠鮟鱇這類會自行發光吸引獵物上鉤的生物。

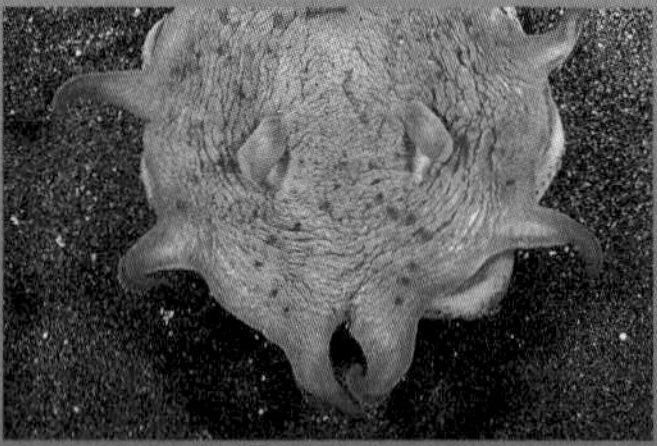

影像提供／楚山勇

◀此處棲息的生物以扁面蛸、烏賊與海參等軟體動物為主。

深度1000～11000公尺

可在超高壓黑暗世界生存的各種生物

插圖／加藤貴夫

▶無人海底調查船的性能越來越先進，令人非常期待日後的調查成果。

水深超過 1000 公尺的世界絲毫無光，漆黑一片。此處也有一些烏賊和鯨魚類棲息，但是水深超過 3000 公尺的海底，物種數量銳減。人類曾在水深 8400 公尺附近捕獲魚類，也確認超過 10000 公尺的深海有生物棲息。深海生物的探索與調查仍將是未來的探測重點。

影像提供／NOAA

哆啦A夢科學任意門

DORAEMON SCIENCE WORLD

海底迷宮探測號

哆啦A夢科學任意門

海底迷宮探測號

目錄

關於這本書

這是一本可以一邊閱讀哆啦A夢漫畫，一邊學習最新科學知識，一次滿足兩種需求的書籍。

本書先以漫畫點出科學主題，再進一步解説相關原理。其中也包含艱澀難懂的科學理論，但我們根據各種研究結果，盡可能以淺顯易懂的方式解説，希望能讓大家充分了解海洋奧祕。

我們每天看到的海洋是一個占地球面積百分之七十的水世界。從垂直高度來看地球的地形，海底擁有全世界最高的高山，與全世界最深的低谷。不僅如此，海洋更可能是地球最初生命誕生的地方。

由於海洋既廣且深，人類很難全面調查，尤其是人類無法前往的深海區域還有許多未解之謎。

本書將詳盡説明海洋究竟是一個什麼樣的地方，以及在該處棲息的生物種類。對全世界的生物來説，大海具有極度珍貴的存在價值。看完本書，相信各位絕對能理解，我們人類不可再輕易汙染海洋或恣意取用海洋資源，進而提升保護海洋、珍惜地球的環保意識。

※未特別載明的數據資料，皆為二〇一六年三月的資訊。

好美啊！好像在做夢……。

水族館氣體

有一隻很大的烏龜在游泳，還有各種漂亮的魚，
以及很多稀有的貝類呢……
水族館我也去過啊。

媽媽，帶我去水族館。
下次再說吧。
根本不能指望嘛。
那在家中觀賞水族館吧。
「水族館氣體」。
把氣體噴在玻璃上，看起來就會像真的水族館喔。
※噴

海底迷宮探測號Q&A

Q 日本近海已經證實的海洋生物大約有多少種？①三千三百種 ②三萬三千種 ③三十三萬種

哇！看起來真的好像在海裡。
※嘎拉
咦……
這個景象只有裡面才看得到。
不過，這是某處海底的真實景象。
很像淺海呢。

A ②約三萬三千種。包括軟體動物約八千七百種，節肢動物約六千四百種，魚類和哺乳類等約四千三百種，及其他植物與微生物等。

其他玻璃也能顯示海底的景色嗎？
只要是玻璃都行喔。
※噴
プシュー
不可以對鏡子惡作劇喔。
呀啊啊。
※噴
プシュ
這次好像是深海呢。

海底迷宮探測號Q&A

Q 體長超過3公尺的翻車魚也算是浮游生物。這是真的嗎？

A 假的。雖然翻車魚沒有尾鰭，游起泳來有些吃力，但牠仍靠自己的力量逆著海流游動，因此算是自游生物。

※噴
プシュ
用大片玻璃觀賞海景吧。
請問有人在家嗎？
爸爸在嗎？
爸爸，有客人喔。
真是少見的繪畫呢。
哪裡，只是富士山罷了。

來～
請喝
請喝。
多謝了。
大家好像
不太
喜歡耶。
我還以為
會很有趣呢。

這次好像是深海呢。

大海是所有生命之母

插圖／佐藤諭

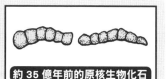

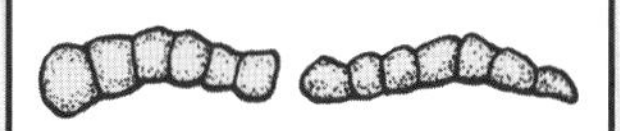

約 35 億年前的原核生物化石

距今約四十億年前生命於海底誕生

人類目前發現最古老的化石，是從距今約三十五億年前的地層挖出來的原核生物。但一般認為，生命最初的起源可往前追溯至三十八到四十億年前之間，誕生於海洋。大海具有易於溶解各種物質的特性，也容易產生化學反應。太古海洋平時波濤洶湧、海象惡劣，含有胺基酸等有機物質，可產生化學反應，創造出生命最需要的蛋白質與核酸。海水還能阻斷有害的宇宙射線，保護珍貴生命。基於這個理論，大多數研究學者才會認為生命起源來自海洋。

「海」這個字的裡面有一個「母」字，望文生義，大海就像孕育生命的母親。

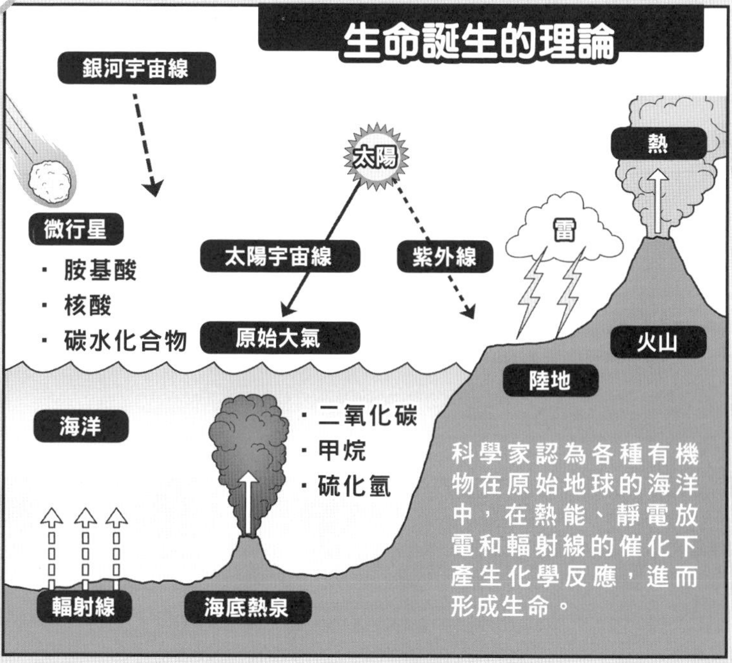
生命誕生的理論
銀河宇宙線
微行星
・胺基酸
・核酸
・碳水化合物
太陽
太陽宇宙線
紫外線
原始大氣
雷
熱
火山
陸地
海洋
・二氧化碳
・甲烷
・硫化氫
輻射線
海底熱泉
科學家認為各種有機物在原始地球的海洋中，在熱能、靜電放電和輻射線的催化下產生化學反應，進而形成生命。

插圖／佐藤諭

呀啊啊。

現今動物的祖先皆存在於五億四千萬年前的海底

誕生於大海的生命經過無數時間更迭，從單細胞生物進化成多細胞生物。二十到二十五億年前，植物行光合作用，為地球帶來氧氣。直到六億年前，地球上誕生了第一隻動物。到了五億四千萬年前，出現進化史上舉足輕重的「寒武紀大爆發」，生物種類與數量自此走向多樣化發展。過去只有數十種動物，但在這段時期內，突然暴增至一萬種。科學家直到現在仍不清楚寒武紀的海洋究竟發生了什麼事，但基本上，地球現存的動物皆源自寒武紀。

插圖／佐藤諭

▲當寒武紀的海洋突然出現多種生物，生物的多樣化讓地球成為一個充滿生命的星球。

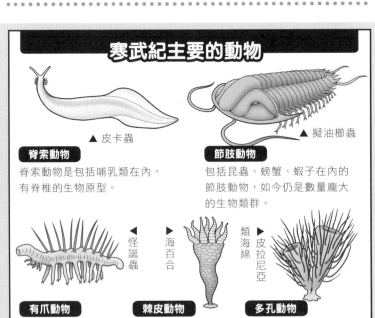

寒武紀主要的動物

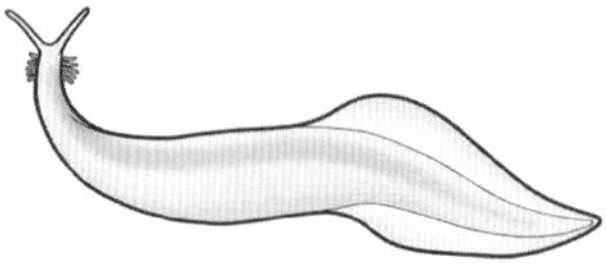

▲皮卡蟲

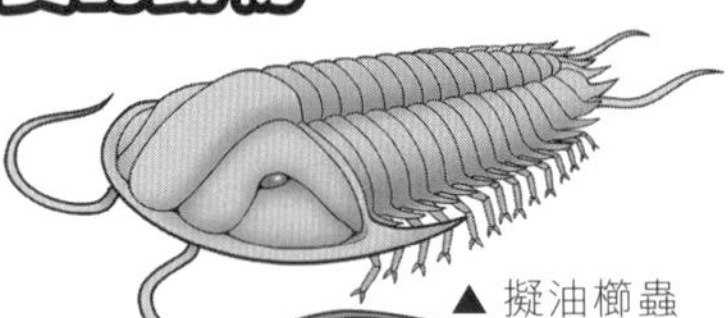

▲擬油櫛蟲

脊索動物

脊索動物是包括哺乳類在內，有脊椎的生物原型。

節肢動物

包括昆蟲、螃蟹、蝦子在內的節肢動物，如今仍是數量龐大的生物類群。

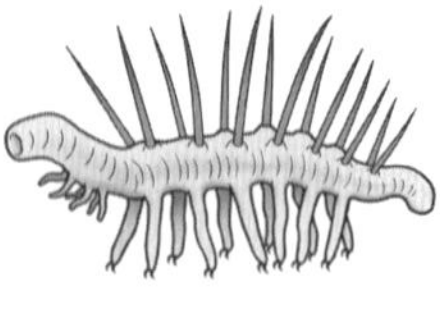

◀怪誕蟲

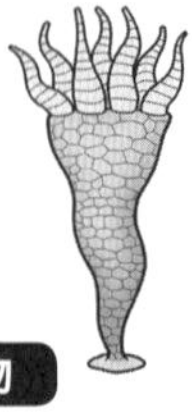

▶海百合

▶皮拉尼亞類海綿

有爪動物

現存的龍貓櫛蠶就是有爪動物之一。

棘皮動物

海膽、海星、海參等生物的原型。

多孔動物

身體組織類似海綿的海綿動物原型。

插圖／加藤貴夫

※上列生物並非現存生物的直系祖先。

陸地生物和海洋生物何者數量較多？

插圖／佐藤諭

從生命初始的那一刻經過長時間演變，部分生物開始移往陸地生長。距今約四億五千萬年前，植物率先出現在陸地上，其他動物陸續跟進。不過，比起資源充沛的大海，當時的陸地環境十分不利於動物生長。陸地生物為了適應環境，開始呈現多樣化發展，最後爆發出超過一百萬個物種。另一方面，目前已知的海洋生物約為二十五萬種。就物種的數量來說，陸地生物遠勝過海洋生物。

話說回來，海洋調查的難度是兩者之間產生極度差距的原因。科學家預估，目前發現的海洋生物不到整體的一成；更有學派認為，若總計地球上所有生物的重量，九成皆來自海洋生物。由此可見，海洋仍是現今地球上最大的生命圈。

▼ 1938 年，科學家找到應該早已絕種的古代魚類腔棘魚。大海仍有許多超乎人類想像的寶藏等著我們挖掘。

© Vladimir Wrangel/Shutterstock.com

各時期最具代表性的海洋生物之王

奇蝦

▲ 寒武紀最大的肉食生物。擁有超過 1 公尺的巨型身軀和尖牙。

直角石

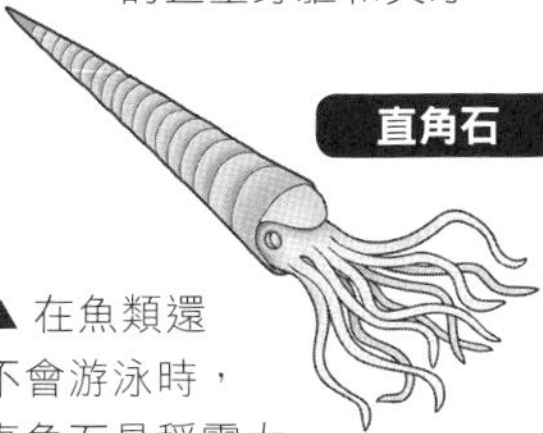

▲ 在魚類還不會游泳時，直角石是稱霸大海的頭足綱生物。

翼肢鱟

▲ 這是名為翼肢鱟的節肢動物，體長超過 2 公尺。

鄧氏魚

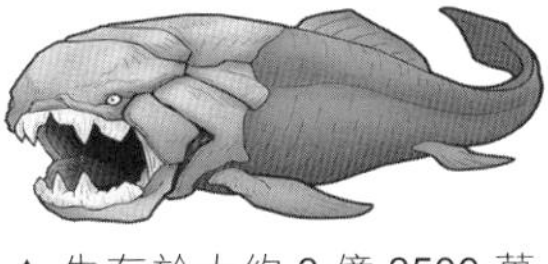

▲ 生存於大約 3 億 8500 萬年前的古代魚，預估體長為 7 公尺。

鯊魚

▲ 第一次出現在 3 億 6000 萬年前，至今仍是海洋霸主。

插圖／加藤貴夫

絕大多數海洋生物棲息於海洋表層

從水平角度來看，大海可分成靠近陸地的沿海地區，與離陸地較遠的外海地區。從垂直角度來看，從水面到水深兩百公尺處為表層，兩百到一千公尺處為中深層，一千到四千公尺處為底深層，四千到六千公尺處為深淵層，六千公尺以下為超深淵層（詳細說明參閱刊頭彩頁）。雖然大海寬廣無邊、深奧無底，但絕大多數海洋生物皆棲息在沿海地區的表層。

原因很簡單，因為水深兩百公尺以下的水域照射不到陽光，沒有陽光就無法行光合作用，自然沒有浮游植物。換句話說，水深兩百公尺以下的水域缺少海洋生物的食物鏈最底層，無法建構完整的食物鏈。

◀沿海淺灘是各種海洋生物的生存樂園。

插圖／佐藤諭

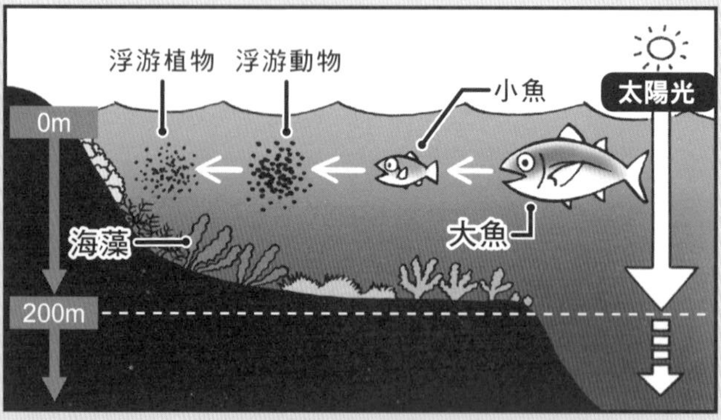
浮游植物
浮游動物
小魚
太陽光
0m
海藻
大魚
200m

水深超過兩百公尺生物的棲息分布立刻改變

海洋表層以下的海域，是一個完全無光的黑暗世界，那裡的水溫趨近於零度，每往下一百公尺的水壓就會增加十倍。

即使如此，深海還是有少數的生物棲息。為了要能夠適應嚴酷的生存環境，深海生物演化出可捕捉微弱光線的大眼睛，或者是擁有發光能力。

插圖／加藤貴夫

利曼洋流（寒流）
親潮（寒流）
對馬海流（暖流）
黑潮（暖流）

▲當暖流與寒流在淺灘交會，便繁殖出大量浮游生物，吸引魚群生長棲息。

日本近海是全世界屈指可數的海洋生物熱點

在沿海地區的表層中，海洋生物種類最多的區域稱為「生物多樣性熱點」。日本近海即為其中之一。靠太平洋的近海有廣大的大陸棚（淺灘），再過去則是深度急速下降的日本海溝。此處也是由南往北的暖流與由北往南的寒流交會處，因此聚集著來自各海域和深處的魚群。根據研究，如今在日本海溝出沒的海洋生物，約占整體海洋生物的百分之十五。

依海洋生物的生活型態區分可以分成三類

海洋生物依生態可分成三大類。第一類是有自主游動能力的自游生物，包括魚類、海洋哺乳動物等，屬於主角級海洋生物。第二類是浮游生物，指的是漂浮在海裡的水母和體型微小的漂流動物。第三類則是匍匐在海底的貝類等底棲生物。

此外，棲息在深海的深海生物由於未知生物種類眾多，生態也尚未釐清，因此另歸一類。

底棲生物

▲包含生長在海底的珊瑚等生物。

自游生物

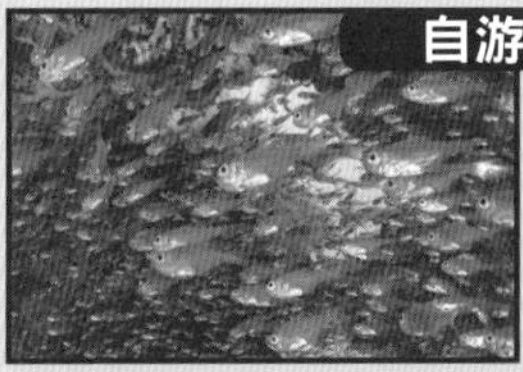

▲可以自行游泳，主動追捕餌食。

深海生物

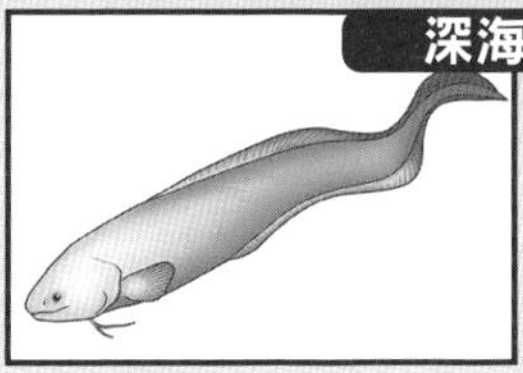

▲深海生物至今仍充滿了未解之謎。

插圖／加藤貴夫

浮游生物

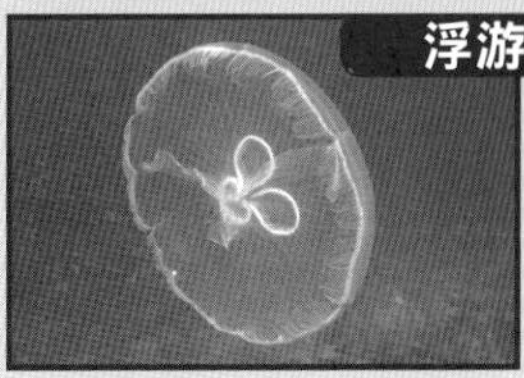

▲除水母外，還包含不會游泳的幼魚。

在河川游泳的酒瓶

哎呀……
剩下越來越少了……
我每天都很期待，小酌一點的呢……
好寂寞啊。
喝完的話，再買不就好了。
這酒很貴的，不能浪費錢買啦！這是社長給我的。
真可憐。
真希望可以讓爸爸盡情的喝他喜歡的酒。
爸爸也沒什麼其他的興趣……

不能把酒變多嗎？
也不是不行。
真的嗎!?
爸爸!!
哆啦A夢說要幫你把酒變多。
不用每天只喝一些，可以好好的喝個夠。
真的嗎？好像在作夢。
他說像在作夢。
馬上來動手吧。
需要花一點時間喔。
「產卵液」。
喝下這個之後，就可以生出蛋來。
蛋？
等魚苗孵化後，就可以放到河川去了。
河川!?
在大海長大之後，就會回到原本的河川…
等一下！

海底迷宮探測號Q&A

Q 飛魚最有名的就是在空中滑翔，但秋刀魚也會在空中飛。這是真的嗎？

※日文中的「酒」跟「鮭魚」發音相似。

你說的該不會是「鮭魚」吧……
當然……
……啊。
什麼～你說的是酒喔!?
哇──這下子搞錯了!!
要是現在才跟爸爸說不行，不曉得爸爸會有多失望……
那麼，總之……
先把酒拿來吧。
滴入「產卵液」……
在酒裡面……
ポト
※滴
酒怎麼會生出蛋來嘛？
只有這樣當然不行啊。
「定型液」。
看看有沒有辦法突變。
雖然明知道這是酒。

A 假的。秋刀魚不會飛。不過，從北海道空運到東京的新鮮秋刀魚在物流業界素有「空中飛魚」的稱號。

嗯…？
啊!!
快拿臉盆過來！
※倒出
ポチャ
是酒的卵！
※變紅
ポワ〜ン
嗝！
嗝〜
只是用聞的你就醉啦？
已經孵出來了。
慢慢的游來游去，好可愛喔。

海底迷宮探測號Q&A

Q 魚鰾是魚類用來調節在水中的沉浮狀態，下列哪種魚沒有魚鰾？①曼波魚 ②鯊魚 ③鯛魚

A

②鯊魚。鯊魚和魟魚棲息在外海，體內的巨型肝臟富含油脂，可藉此調整浮力。

渡過遙遠的河川到大海去吧，長大之後要趕快回來喔。
貸ボート
要保重喔。
大概要花三天左右。
我們會等你們回來的。
今天終於是第三天了。
今天魚兒們終於要回來了，一起去釣魚吧！
笨蛋！
怎麼可能會有魚游到那條河？

Q 有些魚不產卵，直接生下幼魚。這是真的嗎？

哆啦A夢是這麼說的。
哆啦A夢說的!?
是真的，大家也一起來釣吧！魚餌就用下酒菜的花生吧。
一隻也沒上鉤。
哆啦A夢不會是在騙我們吧！
真的有魚嗎？
到底怎麼回事啊？哆啦A夢？
好奇怪啊……
怎麼都沒有魚……

好奇怪喔！
根本沒有半個酒瓶在游。
酒瓶!?
大家以為被騙，都氣炸了。
我一開始就覺得不可能。
那又是誰叫我做這種不可能的事!?
哼！
哼！
對不起，那件事還是不行。
你說的那件事是啥？
喔……你是說把酒變多的事喔……
真遺憾，我還很期待呢。
接下來是一則非常少見的新聞。

A 真的。包含鯊魚在內的部分魚類會在腹中孵卵，孵到一定程度後產下幼魚。不過，有些魚種會在體內吃同類維生。

在東京灣附近，發現長得像……
酒瓶的魚。
就是那個!!
牠們就快要游回來啦!!
但是……
魚本來就有游回原來河川的本能啊……
為什麼沒回來呢？
該不會是因為河川太髒了吧…
就是這個原因!!
「水質清淨機」。
可以將河川或是湖水清乾淨。

海底迷宮探測號Q&A

Q 不游泳就會死亡的鮪魚會輪流使用半邊大腦，以半邊腦睡覺的方式維持生命。這是真的嗎？

A 假的。一到晚上，鮪魚就會降低游泳速度，減少代謝需求，盡可能讓身體休息取代睡眠。

那麼……
等一下魚就會游回來了吧……
啊……河下波濤滾滾……
慢慢的接近了!!
是魚群!!
回來了!!
大家要保持河川乾淨喔。
讓魚群有個乾淨的河川可以居住。

在東京灣附近，發現長得像……
酒瓶的魚

海底的自游生物（魚類篇）

自游生物指的是可自主游動的海洋生物

插圖／佐藤諭

本書的前半部將陸續介紹各種海洋生物的生態與生命的奧妙，首先介紹的是可以逆著水流游動，在海底自由游泳的自游生物。

自游生物主要包括以下五種（部分甲殼類和貝類也歸為自游生物）：終其一生都在海底游泳的魚類、章魚、烏賊、鯨魚等物種，有些能夠在海裡短暫游泳的鳥類也是其中之一。儘管各自的游泳方式和呼吸法皆不同，但大多數生物體型較為流線，適合在水中移動。接下來就從最具代表性的自游生物「魚類」開始說起。

主要的自游生物

哺乳類 除了鯨魚、海牛之外，海獅等海獸也是哺乳類的一員。

魚類 目前已知的海水魚種類超過 15000 種，是海洋世界的主角。

鳥類 不少種類的企鵝都能在海裡游泳。

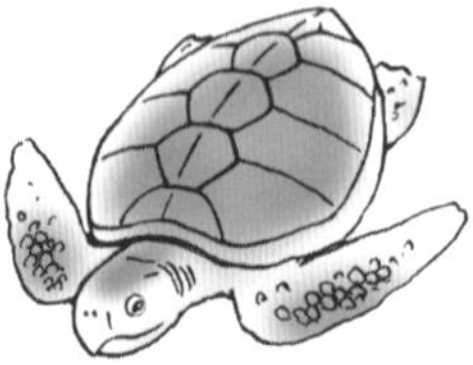

爬蟲類 不只有海龜、海蛇會悠游大海，部分鱷魚也會游泳！

頭足類 章魚、烏賊等足部長在頭部的生物稱為頭足類。

插圖／佐藤諭

可在水中游泳的魚類的身體構造

插圖／加藤貴夫

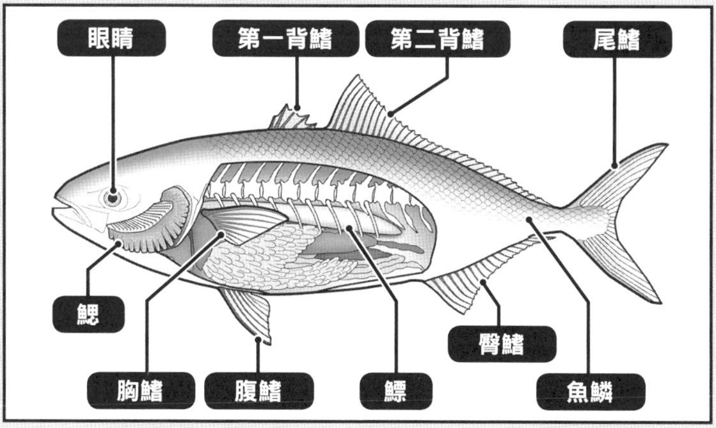
眼睛
第一背鰭
第二背鰭
尾鰭
鰓
臀鰭
胸鰭
腹鰭
鰾
魚鱗

魚類的身體機能可以適應水中生活，是所有海洋生物中，種類最多、功能最完備的物種。強而有力的尾鰭可以快速游泳，其他的魚鰭則能夠自由變換方向。體內的鰾會膨脹與收縮，以控制浮力。鰓除了能從水中吸收氧氣之外，還能夠過濾浮游生物，獲取養分。

魚的五感遠比人類靈敏！

魚類天生具有靈敏的五感，魚的眼睛長在頭部兩側，視角超過三百度。前方三十度可看見立體影像，適合捕捉獵物，也有利於逃避天敵。魚的鼻子與呼吸無關，特化成只用來聞味道的器官。此外，魚的身體兩側還有用來感覺水流、水壓變化的感覺器官，名為「側線」。側線也能夠幫助魚類完成捕食、洄游以及排列整齊隊伍等行為。魚的味覺也很敏銳，一旦吃到自己不喜歡的食物，甚至還會吐出來。

© Bildagentur Zoonar GmbH/Shutterstock.com

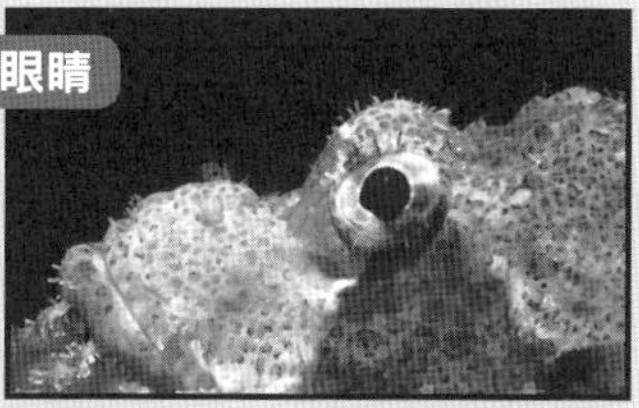
眼睛

▲ 魚眼的視角很廣。深海魚的眼睛會反射光線，看到的世界較為明亮。

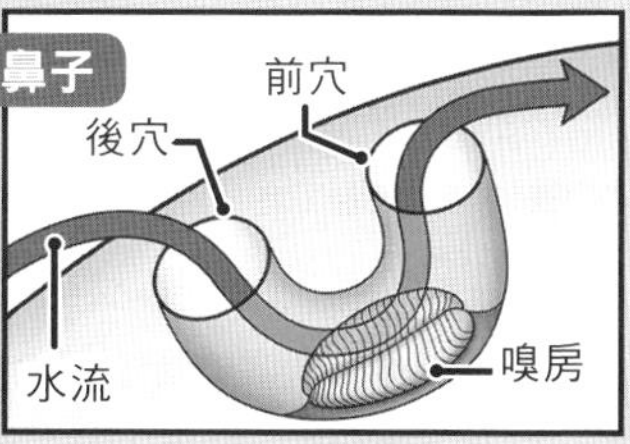
鼻子
前穴
後穴
水流
嗅房

▲ 魚的嗅覺十分靈敏，這也是洄游魚類不會迷路的主因。

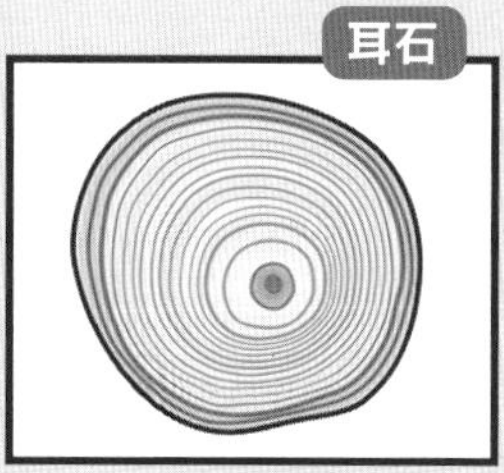
耳石

▶ 耳石位於耳朵深處，只要數圈圈數量就知道魚的年齡。

插圖／加藤貴夫

是魚群!!

弱小的魚類會群聚生活

沙丁魚等弱小魚類習慣群聚生活。金梭魚屬於梭魚的一種，也會群聚生活，並像旋渦一樣的游泳，形成知名的「海狼龍捲」奇景。如夢似幻的場景深受潛水愛好者的喜愛。有一說認為這類小魚群聚游泳的原因是為了讓自己看起來很龐大，避免獵食者的攻擊。就算真的被攻擊捕食，也能留下許多倖存者，延續種族生命。生物的生存智慧真是令人敬佩。

▲十分罕見的海狼龍捲奇景。

魚類爲什麼能在鹹海水中生存？

海水魚每天生長在鹹鹹的海水裡。各位知道嗎？海水的鹽分濃度約百分之三點五，幾乎是海水魚體內細胞鹽分濃度的三倍以上。受到滲透壓（溶質濃度低往濃度高滲透的特性）的影響，若身體吸收一定程度以上的海水，生物細胞就會壞死。為了避免這個問題，海水魚會從鰓排出喝進體內的海水鹽分，或排出鹽分濃度較高的尿液，讓體內的鹽分濃度維持在安全範圍。

插圖／加藤貴夫

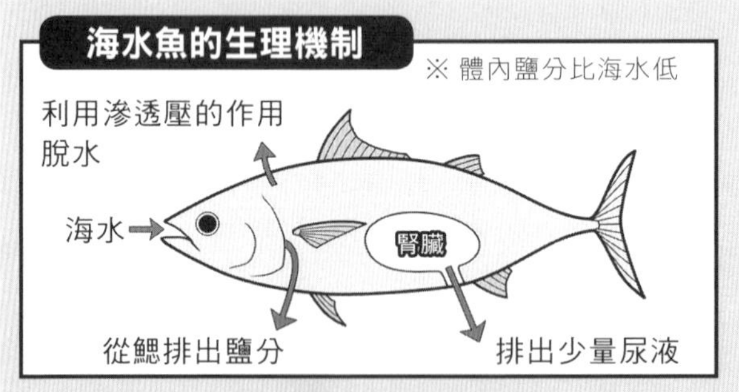
海水魚的生理機制
※ 體內鹽分比海水低
利用滲透壓的作用
脫水
海水
腎臟
從鰓排出鹽分
排出少量尿液

插圖／加藤貴夫

棲息在大海與河川的洄游魚類，如何調整鹽分濃度？

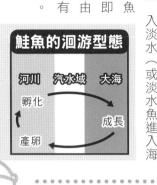

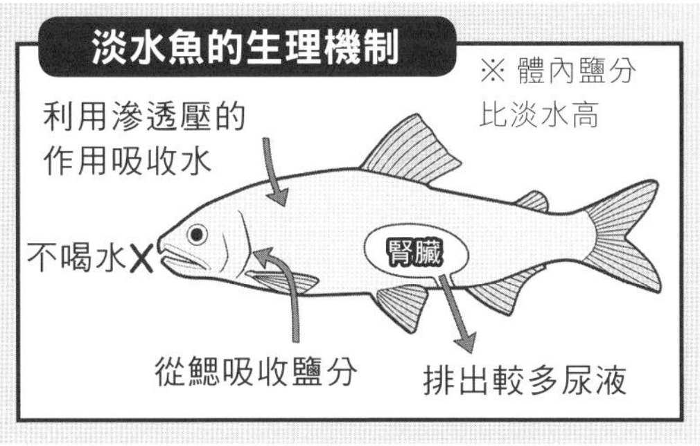
淡水魚的生理機制
※ 體內鹽分比淡水高
利用滲透壓的作用吸收水
不喝水✕
腎臟
從鰓吸收鹽分
排出較多尿液

香魚和鮭魚都是在河川出生，游到大海成長，最後再回到河川產卵的洄游魚。大海與河川的鹽分濃度截然不同，各位知道牠們是如何在不同的環境中生存的嗎？

參閱上圖即可發現，在河川生活的淡水魚，其生理機制與海水魚完全相反。若海水魚不小心進入淡水（或淡水魚進入海水）就會危及生命。洄游魚則會在河海交會的河口，亦即「汽水域」轉換生理機制。由於河川與大海的食物不同，有些魚甚至還會改變攝食習性。

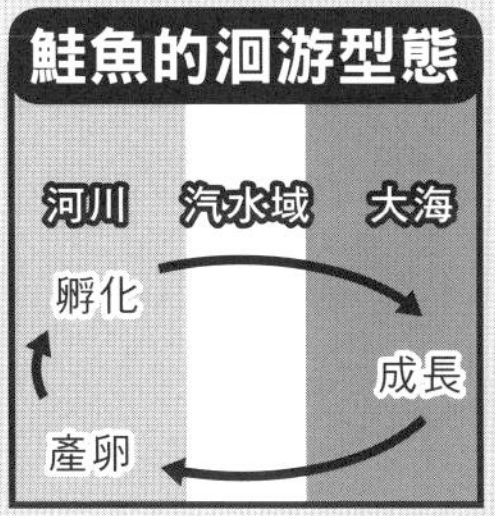
鮭魚的洄游型態
河川
汽水域
大海
孵化
成長
產卵

三億多年前即稱霸大海的鯊魚，擁有令人驚訝的特異功能

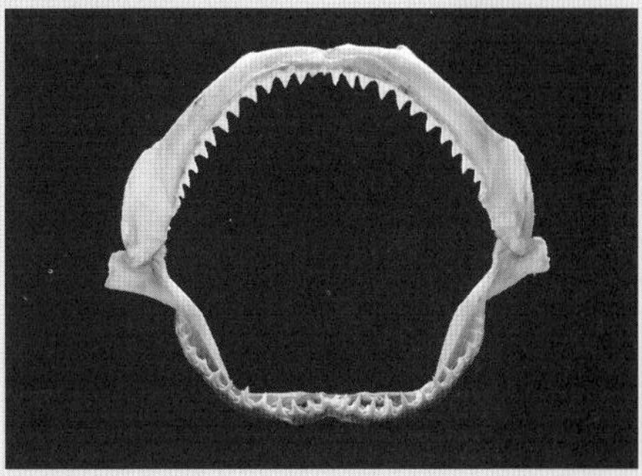

鯊魚首次出現在距今三億多年前的泥盆紀，當時的鯊魚外型與現在相差不大。鯊魚一出現便稱霸海洋世界至今，可說是最成功的海洋獵食者。

鯊魚的感覺器官特別敏銳，耳朵可聽到幾公尺外的獵物動向；一滴血稀釋一百萬倍後，鯊魚的鼻子還能聞到血的味道。

鯊魚的下吻部有一個可以感應電磁波的器官「勞倫氏壺腹」，可感應到動物活動時發出的微弱電波，這項特異功能可幫助鯊魚精準掌握獵物位置。

鯊魚的獵食武器也所向無敵。鯊魚的牙齒擁有光滑潔淨的琺瑯質，而且相當尖銳，呈鋸齒狀排列。更驚人的是，就算掉牙也會長出新的牙齒。

有些魚產卵後不育兒，有些魚則會，兩者有何差別？

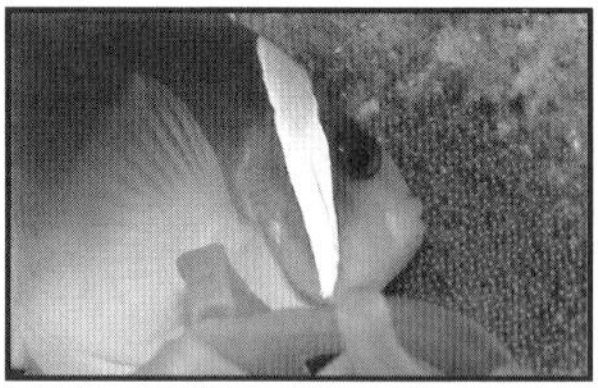

魚類生養後代的型態各有不同。

曼波魚產卵後不育兒，但有些魚會拚命保護後代。差異的原因之一在於卵的數量，大瀧六線魚只產六千顆卵，因此雄魚會將卵放在口中小心照料；曼波魚產的卵多達三億顆，因此採放任主義，產卵後即不管後代的生死。

魚真的是無法調節體溫的變溫動物嗎？

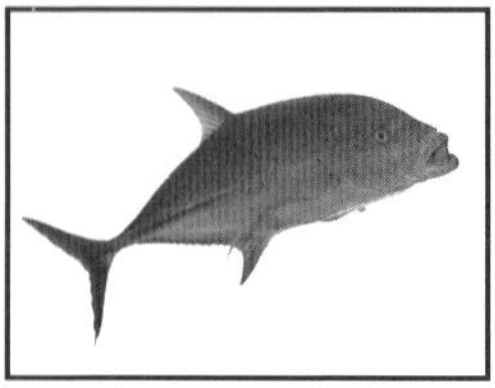

除了部分例外之外，魚類屬於變溫動物，不適合長時間運動。話說回來，為什麼鮪魚、旗魚可以游一輩子？這些魚的血管構造相當特別，稱為細脈網，可提高肌肉溫度，這就是牠們可以長時間運動的原因。

許多魚都能夠轉換性別？

包括克氏雙鋸魚在內，大約有三百種魚可以轉換性別。這樣的做法可以幫助維持群體裡的雌雄比例，以便有效的繁衍後代。此外，有一些魚種甚至會刻意變成雌性，以尋求雄性的保護。

特別專欄

困擾人類兩千年之謎：終於發現了鰻魚的確切產卵地點！

鰻魚究竟在何處產卵？這個問題也困擾著古希臘哲學家亞里斯多德。這個兩千多年前的未解之謎終於被解開了！東京大學海洋研究所在北緯 15 度、東經 140 度附近海域，終於發現了日本鰻魚確切的產卵地點，對於保護鰻魚種有很大的幫助。

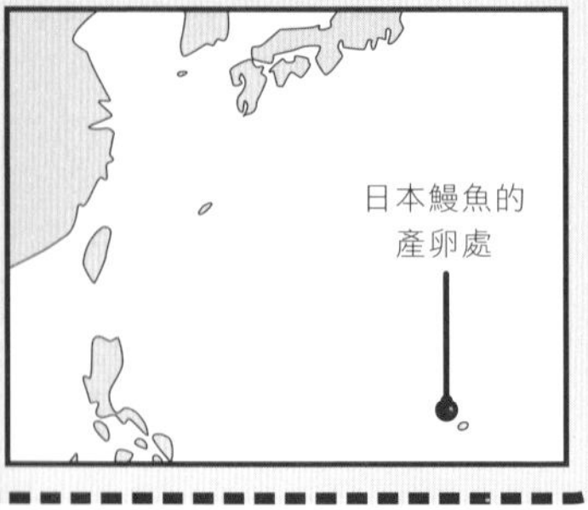
日本鰻魚的
產卵處

▶這是人類首次發現日本鰻魚產卵處。

插圖／加藤貴夫

隨意甲板

Q 鯨魚是以唱歌的方式聯繫同伴。這是真的嗎？

我爸爸向朋友借了一艘帆船。
我們要花一個星期遊覽各港口，直到九州。
DORA－II
等我們下次見面，
我就是個飽經風吹日晒的海上男兒了。
有什麼好得意的啊？
想去玩的話默默去就好啦。
回來又要聽他炫耀了。
什麼事啊？
算了，
反正說了也沒用。

反正……
跟你說也沒用吧？
什麼啊？
還是早點死心比較好。
你就說說看嘛。
喔喔？海上旅遊一個星期？
好像很有趣呢。
我們快出發吧!!
你要出發去哪裡啊……
辦不到的事情不要拿出來講啦，
你要我離家出走一個星期喔？
我們有「時光機」啊。
對耶！回來以後再穿越到出發當天就好了!!
那你快拿出未來的帆船。
帆船等到海邊再找就行了。
是在耍我吧？
開什麼玩笑!!

A 真的。座頭鯨進入繁殖期後，雄性會振動體內空氣，發出複雜的連續音長達三十分鐘。這是為了求偶向雌性示好的行為。

食物、
漫畫、
遊戲機、
還有……
你還有什麼要帶的嗎？
你認真的嗎？
真的有帆船嗎？
有吧。
每一艘都有人啊。
哪有多餘的帆船啦？
你騙我！
你很吵耶。
一定找得到的。
要有耐心一點……
ピコ
ピコ
ピコ
有了!!

※嗶嘔嗶嘔

海底迷宮探測號Q&A

Q 海豚是以何種方式掌握自己的位置？①看北極星②感應地球磁力③從海流變化察覺

A ②感應地球磁力。科學家以兩個外表相同的物品做實驗，一個會發出磁力，另一個不會。鯨魚對發出磁力的物品立刻有反應。

那不是魚嗎？
是海豚啦。
我們要搭上那隻海豚。
「隨意甲板」。
※啪嗒
ペタ
下去吧。
那個甲板很小耶！
身體會自動縮小。

好像真的帆船喔。
グラ
※滑倒
牠要潛水了。
※啪沙
好險。
好漂亮的房間喔。
你看看窗外吧。

Q

有些兩棲類被歸類在海洋生物之中。這是真的嗎？

A 假的。兩棲類無法快速調整體內鹽分濃度，若在海中，細胞會遭到滲透壓破壞。不過兩棲類能生存在河海交會的汽水域。

哇啊～好美喔!!
還能變潛水艇啊。
我們前往九州吧。
這是操縱室？
先決定方位……
再按下按鈕。
ピコ
※嗶摳
甲板會拋出飼料誘導海豚，是用海水裡的成分合成的飼料喔。

パク
※吞下
※嗶摳
甲板會一直拋出飼料，
讓海豚朝目標前進。
ピキーッ
※哀鳴
這是什麼聲音？
感覺好哀傷喔。
海豚是不是不高興了？
應該不會啊。
海豚不高興的話，我們是無法操縱的。
那就好。
ザバーッ
※啪沙
牠游出海面了。
來游泳吧。

海底迷宮探測號Q&A

Q 皇帝企鵝是由雄企鵝負責孵蛋。這是真的嗎？

A
真的。雄企鵝在兩個月左右的孵蛋期間幾乎不吃東西，體重會減少至原本的一半。雌企鵝會負責外出獵食。

你到底什麼時候才能學會游泳啊？
有什麼關係嘛！
※彈起
真拿你沒辦法。
給你塗點「漂浮藥膏」吧。
塗上這個後……
ピョコ
就不會沉入水中囉。
來玩捉迷藏吧。
好像站在會搖晃的地方喔。
不用擔心溺水了對吧。

感覺就像躺在吊床上一樣呢。
做日光浴吧。
那是小夫的帆船吧？
去看看吧。
ザァ
※嘩啦
我不想再舀水了啦。
可是，船艙進水太嚴重的話，會沉船的。
為什麼不借好一點的帆船啊？
好的帆船很貴啊!!
別抱怨了，快點舀水!!
看起來很辛苦呢。
真可憐。

Q 烏賊有多個心臟，請問共有幾個？①兩個 ②三個 ③四個

帆船之旅
真開心呢。
※哀鳴
又來了。
是海豚的聲音。
或許這隻海豚有什麼煩惱吧？
海豚也有煩惱啊。
我們來看看海豚的腦海吧。
※沙～
是海豚群。
我知道了！
這隻海豚迷路，
和同伴分開了!!
牠在找同伴，
我們剛好用牠來當帆船，
真是過意不去呢。

A ②三個。除了原本的心臟外，還有兩個鰓心，負責將血液迅速運送到重要的鰓。

有沒有辦法找到牠的同伴啊？
大海很寬廣啊……
今晚先想看看有沒有辦法吧。
啊啊啊——
※沙沙沙
海豚飛在空中!?
真、真的會飛耶，這個景象一定要記下來。
先拆下甲板，再裝上「隨意吊艙」。
就變飛行船啦。
從空中尋找比較清楚。
你們有看到海豚群嗎？
「翻譯蒟蒻」也能用來和動物溝通喔。

海底迷宮探測號Q&A

Q

有一種海生爬行動物為草食性，請問是下列哪一種？①海鬣蜥 ②棱皮龜 ③圓鼻巨蜥

A ①海鬣蜥。基本上，海生爬行動物皆為肉食性，只有海鬣蜥吃海藻等植物。

沒想到很快就找到了。
真是太好了。
謝謝你帶給我們一趟愉快的旅程。
再見啦。
也太可疑了吧？你去玩了一個星期，連一張照片也沒拍？你真的有去玩嗎？
沒辦法啊！我在忙著舀……不是，我在忙著玩啦。
我玩得非常開心喔。
對了，你們一定沒看過飛天海豚吧？
相信我啦。
我真的看到了。

適應陸地生活的動物，為什麼還回到海洋生活？

鯨魚等海生哺乳動物是曾經在陸上生活的動物，牠們在適應陸地生活之後，為什麼還要回到海洋生活？

走鯨是鯨魚的祖先，也是存在於五千萬年前左右的水陸兩棲哺乳類。五千萬年前是恐龍與大型爬蟲類滅絕的時代，在陸地生活的哺乳類之間，掀起了越來越劇烈的生存競爭。反觀海洋世界，原本稱霸大海的大型海生爬蟲類消失後，海洋反而變成某些哺乳動物的天堂。當時的地球越來越寒冷，海生哺乳動物的運動能力比變溫動物魚類更強，成功在海洋世界站穩一席之地。

插圖／佐藤諭

鯨魚祖先走鯨
（又名陸行鯨）

鯨魚在資源豐沛的大海長成地球最大的動物！

回歸大海的哺乳動物中，鯨目動物演化得最蓬勃，如今已確認超過八十種（海豚也屬於鯨目，除部分物種外，體長四公尺以上稱為鯨；未滿四公尺稱為豚）。鯨魚的祖先走鯨體長只有三公尺，但在資源豐沛的大海孕育下，與可支撐體重的海水浮力影響，使得鯨魚成長至體長約三十公尺，是地球上體型最大的動物物種。

插圖／加藤貴夫

▼體長約 30 公尺的藍鯨，以磷蝦（浮游動物）為主食。

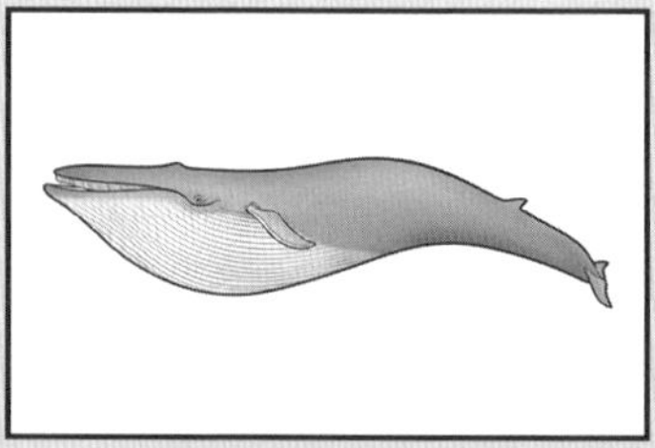

▼江豚是鯨目動物裡最小的物種，體長只有 2 公尺左右，主食為魚類和頭足類。

攝影／木內博

鯨魚和海豚利用聲音尋找食物並與同伴對話

插圖／佐藤諭

回聲定位

鯨魚在進化過程中，演化出哺乳類在海底生活的必要能力。首先是游泳能力。前腳演化成胸鰭，加上強而有力的尾鰭，使鯨魚擁有不輸給其他魚類的游泳能力。鯨魚的腎臟可大量排出鹽分，還能從捕獲的獵物中補充水分，解決了海水滲透壓的問題。不僅如此，鯨魚的右腦與左腦可輪流休息，無須擔心睡覺溺死。此外，部分鯨魚會像蝙蝠一樣發出超音波了解周遭情況，或與同伴對話。鯨魚利用頭部的脂肪塊接收從鼻腔發出的聲波，轉化成朝固定目標發射的超音波，此能力稱為「回聲定位」（請參照第一二五頁）。

鯨魚擱淺！原因之一竟是回聲定位系統故障？

各位是否看過鯨魚或海豚擱淺在岸邊的新聞？鯨豚擱淺的原因有很多，包括追捕獵物、逃避天敵虎鯨誤闖上岸等，事實上回聲定位系統故障也是原因之一。超音波受到岩石或淺灘影響導致漫反射，鯨魚就會迷失方向。

特別專欄

沒有鰓的鯨魚爲何能潛入深海？

鯨魚屬於哺乳類，用肺呼吸，卻能潛入深海好幾個小時，無須浮出水面。這是因為鯨魚的紅血球很大，可一次吸收大量氧氣。此外，鯨魚的「氣體交換率」很高，只要浮出水面呼吸幾次，就能將體內的二氧化碳全部換成氧氣。

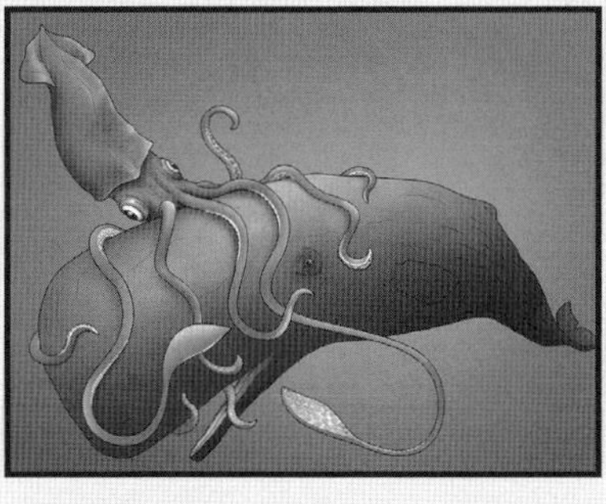

◀抹香鯨有時會因為獵食自己最愛吃的巨烏賊，潛入一千公尺深的深海。

插圖／加藤貴夫

パク

鯨魚洄游的理由至今仍是一個謎

座頭鯨的洄游路徑

↑主要洄游路徑
■夏季的覓食場
■冬季的覓食場

有些鯨魚有洄游的習性，夏天棲息在靠近南北極地、食物豐沛的海域；冬天則往赤道方向移動。

不過，接近赤道的海域沒有食物，鯨魚會有好幾個月無法進食。專家認為，此處沒有食物即代表沒有天敵，母鯨魚可以在那裡安心生下小鯨魚。另外一種說法則認為，過去的赤道海域可能有充沛漁獲，以致以前的習性遺留到現在。

鯨魚善於群獵將獵物一網打盡！

大家都知道大多數鯨魚善於群聚行動，這是因為鯨魚不像其他魚類產下大量的卵，所以必須靠群體的力量保護剛出生的小鯨魚。

此外，群聚行動也利於捕食。海豚最知名的就是成群結隊捕捉獵物，事實上座頭鯨也不遑多讓。座頭鯨盯上一群獵物後會成群圍住魚群，利用噴氣孔向上噴氣形成水泡網，阻礙魚群去路，看準魚群無處可逃的時機一網打盡。這種狩獵方式稱為「水泡網捕獵法（Bubble Net Feeding）」。

© Serhat Akin/Shutterstock.com

◀座頭鯨的狩獵方式十分特別，它們會將一整群的魚全部吃光。

▲ 佛羅里達海牛。另有美洲海牛。

▲ 儒艮。這是海牛目中最適應海洋生活的物種。

完全適應海洋生活的哺乳類只有鯨目和海牛目動物

在所有海洋哺乳動物中，只有鯨魚是一輩子都不上陸地生活。海牛目動物包括儒艮與海牛，體長最長可達四公尺。主食為海藻，由於體型形似人魚，頗受各界喜愛。不過，海牛目的物種不如鯨目蓬勃，目前已知只有四種。其中一種大海牛棲息淺灘，動作遲緩，成為嗜肉人類的獵捕目標。由於遭到人類濫捕，已於一七六八年滅絕。

各種棲海維生的大型海獸

雖然不像鯨目或海牛目動物一直生活在海裡，但有些棲息在海邊、在海中覓食，而且會游泳的哺乳動物也被歸類為海洋生物。海豹、海獅、海獺、北極熊等就是最好的例子。這些動物基本上都是肉食性。由於棲息在食物豐沛、天寒地凍的沿海地區，通常這類動物為了避免海水滲透，身上的脂肪層較厚，或長有濃密體毛。

▶海獺。牠們是唯一生存在海裡的水獺亞科物種。

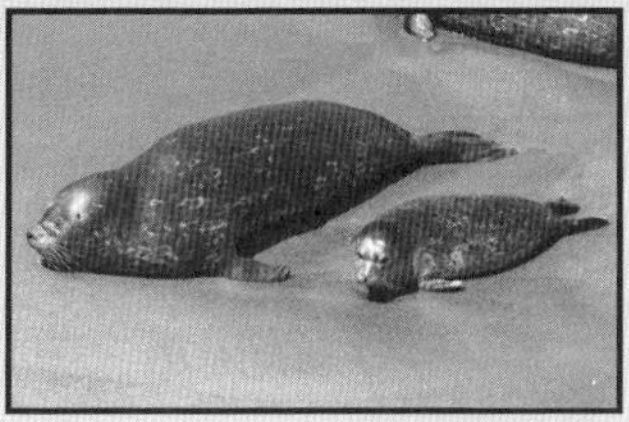

▶海豹。海獅靠特化成鰭狀的前肢游泳，海豹則是靠特化成鰭狀的後肢游泳。

▶北極熊。受到地球暖化影響，棲息地逐漸消失。

牠游出海面了。

可在海底生存的鳥類具有驚人的潛水能力

鳥類也有海洋生物，包括在海岸線生活的企鵝，還有只在繁殖期上岸的遠洋水鳥「短尾信天翁」等。這些鳥類的腳上長蹼，身上的羽毛具有高度防水性，可充分適應海洋生活。不僅如此，牠們更具備驚人的潛水能力，可輕鬆捕食魚類。皇帝企鵝可潛入深度超過兩百公尺的海底，令人驚豔。

© Joey_Danuphol/Shutterstock.com

皇帝企鵝

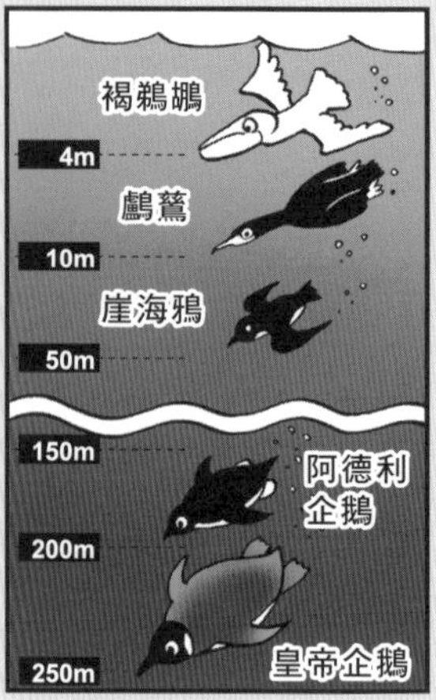
褐鵜鶘
4m
鸕鶿
10m
崖海鴉
50m
150m
阿德利企鵝
200m
皇帝企鵝
250m

插圖／佐藤諭

爲什麼只有南極有企鵝，北極沒有？

提到企鵝，一般人最先聯想到的是在冰天雪地的南極生活的皇帝企鵝。話說回來，北極為什麼沒有企鵝？左列是企鵝棲息分布圖。從中不難發現，幾乎所有企鵝都棲息在南半球。專家認為這是因為企鵝誕生於紐西蘭，並從該地往外遷徙所致。

此外，北極曾經出現過外表極似企鵝的大海雀。無奈遭到人類濫捕，如今已全部滅絕。

插圖／加藤貴夫

企鵝棲息分布圖

▲ 專家認為化石較多的紐西蘭是企鵝的發祥地。

適應海底生活的爬蟲類身體有何特殊構造？

直到侏羅紀為止，海龍（海棲雙孔類爬行動物）是稱霸海洋世界的霸主，使得爬蟲類成為最大的海洋生物。如今在海裡生活的爬蟲類只剩下海龜、海鬣蜥、海蛇與部分鱷魚，成為海洋裡的少數族群。不過，留存下來的爬蟲類皆發展出獨特的生存之道。海龜特化出適合游泳的扁平前肢與流線型龜殼。海蛇身形猶如船槳，靠扁平尾部在海中前進。此外，鱷魚的鼻子和喉嚨入口有一個瓣膜阻擋，即使在水中張嘴，海水也不會進入肺部。

海龜

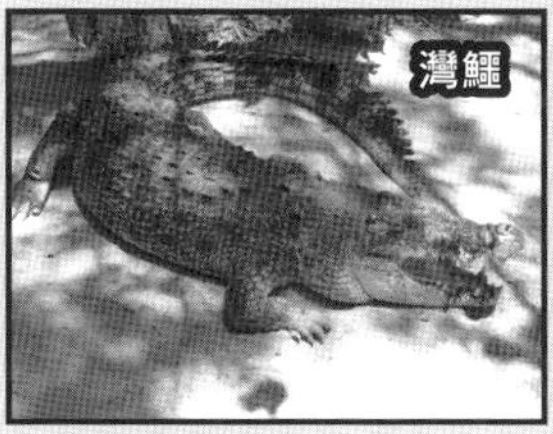
灣鱷

海蛇

頭足類的「流體靜力骨骼」使其能在水中迅速移動

菊石目是軟體動物章魚、烏賊等頭足類動物的祖先，也是太古時代稱霸海洋，數量遠勝過魚類的生物。頭足類動物擁有流體靜力骨骼，可減輕水的阻力，還能像噴射機一樣將海水噴出體外，游泳速度相當快。

章魚和烏賊雖同為頭足類，但不只腕的數量不同，其他地方也出現有趣的差異。以吸盤為例，章魚的吸盤為中空狀，可吸附獵物；但烏賊的吸盤四周長有鋸齒狀角質齒環，用來勾住獵物。不僅如此，牠們吐出來的墨汁也不一樣。章魚的墨汁較稀，會慢慢散開遮住對方視線；烏賊的墨汁較濃或呈塊狀，讓對方以為那是烏賊分身。

插圖／加藤貴夫

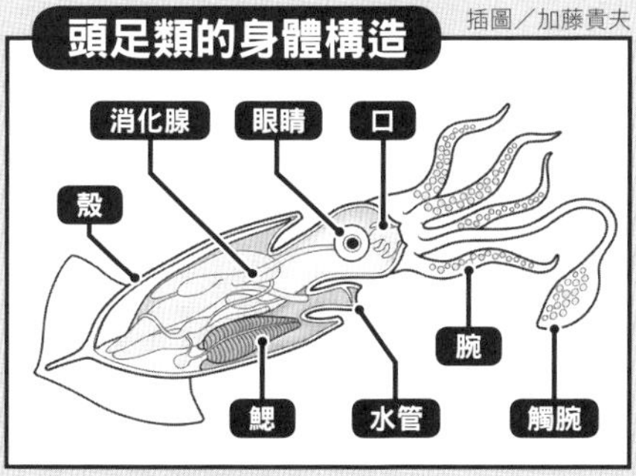
頭足類的身體構造
消化腺
眼睛
口
殼
腕
鰓
水管
觸腕

▲從水管吸海水並用鰓呼吸，接著將水用力排出，在海中游泳。眼睛很大，可感應到深海的微光。

深夜的城鎮在海底

我表哥啊…
是個潛水高手…
怎麼了？
不知道…
突然就跑回家，真奇怪。
那是什麼？你想幹嘛？
我猜到他要說什麼就先回來了。
小夫會說既然表哥會潛水，自己也要開始學吧，
今年夏天要去塞班島或關島潛水，到時再拍照片回來給你們看。

好好喔！我也想潛水!!
我就知道。
所以你先準備好讓我潛水？要去哪裡？關島？塞班島？
那樣太麻煩了！
在這裡就好!!
「虛構水面模擬器水泵」跟……
「虛構海水觸覺眼鏡」。
穿上「旱鴨子蛙鞋」。
有種很簡陋的感覺…
バッコン
バッコン
※啪嘰啪嘰
哇啊！你在幹嘛!!
ドバ
快住手！會被媽媽罵的!!
ドバ
ドバ
※嘩啦嘩啦
把蛙鏡摘下來看看。
咦？水呢!!
※嘩啦

這是為了調查海面高度對地球有多少影響的虛擬海水。
沒戴上眼鏡的人，看不見水，也不會被弄溼。
真的耶！
要把附近變成海底再潛水吧？抽水機的水弄到滿要多久時間？
大概要到今天深夜吧。
咦～我沒辦法一直抽到那時候!!
不用抽，它自己會動。
早說嘛。
還要做其他準備……
以空地為中心吧。
魚兒們的最愛「魚餅乾」。

A 假的。有些浮游生物會游泳，不過，基本上浮游生物無法抗拒海流與波浪的力量，只能隨波逐流。

Q

浮游生物異常繁殖會引發赤潮現象，此時可利用細菌或病毒防治。這是真的嗎？

插在這裡要幹嘛？
魚會聚集過來吃。
魚飛到這裡來吃!?
對！
還需要再準備一個東西。
「虛構海水連帶氣體」。
ドボン
丟這邊就可以了。
ゴボ
ゴボ
接觸到瓦斯的魚就能生活在虛擬海水中。
プクン
プク

※噗通

※噗嚕噗嚕

※波波波

A 真的。可使浮游生物感染細菌或病毒，徹底滅絕。

大雄。
大雄！起床囉！
差不多要開始了。
什麼事？
啊，對了。可是海水根本沒滿啊。
你戴上蛙鏡看看。
哇!!
咕嚕
咳噗
咳噗
穿上蛙鞋！
那裡就是虛擬水面。
鎮上淹大洪水啦!!
不只鎮上，全世界都一樣。

哇啊！聚集好多魚了。
也有熱帶魚!!
哇啊！好美喔!!
魚群掠過月亮……
好像夢中的景色。
什麼東西浮在那邊？
是椰子。
接觸到瓦斯，跟虛擬海流一起飄來的。
從遙遠的南方國度來的……
對了，拍張照給大家看看。

海底迷宮探測號Q&A

Q

日本不會發生水母螫死人的意外。這是真的嗎？

※喀喳
カシャ
※喀喳喀喳
カシャ
カシャ
哇啊!!
發生什麼事啦!?
有鯊魚!!
有鯊魚出現在香菸店的轉角處…
請你冷靜一點，鎮上怎麼可能出現鯊魚呢？
你喝太多了，回家小心點。
鯊魚跑到虛擬海底了!!

A 假的。日本也會發生水母螫人，導致死亡的意外。在海水浴場遊玩時一定要特別小心。

Q

浮游植物不會動。這是真的嗎？

不快點抓到牠，事態就嚴重了!!
在準備考試嗎？辛苦你了。
※悉悉簌簌
剛剛那是什麼東西!?
飛在空中的小偷!?
※沙沙沙
是誰？快點出來!!
ガサ
ガサ
ザ
ザ・ザ・
大白鯊啊!!
ワン
ワン
ワン
※汪汪汪
ビビッ
※嗶嗶

鎮上的人會被吵醒，
你去關掉抽水機的開關。
我把魚都趕回海裡。
海裡有四十四隻死鯊魚。
你讀書讀傻了，還是回去好好睡覺吧。
累死我了…
為什麼船會跑到那裡去…
真不可思議!!

A 假的。團藻、眼蟲藻等浮游植物可自由行動。

浮游生物不只是小小的海洋生物？

浮游生物是漂浮在大海的生命

所有棲息在大海的生物，只要是漂浮在水裡或水面上的皆稱為浮游生物。浮游生物的種類繁多，小至不滿一公釐的萬分之一，大到數十公尺者皆有。許多人一提到浮游生物就會想到體型微小的生物，不過事實上，有些種類比人還大。浮游生物與大小無關，其最大的特性就是無法抗拒海流與波浪的力量，終生在海裡（海面）漂流。

話說回來，浮游生物究竟有哪些形狀？請各位參照下圖。下列圖片僅是極少部分，浮游生物還有許多各種不同的外形。

除了外形之外，浮游生物的種類也很多。包括了一生只有一段時間在水中行漂浮生活的「暫時性浮游生物」，及從出生到死亡皆在水中漂浮度日的「終生浮游生物」。

此外，浮游生物還可以區分為由單一細胞所組成的「單細胞生物」，以及由多個細胞所組成的「多細胞生物」。

若是從身體構造與生態考量，有一些浮游生物還被分類在矽藻綱、有孔蟲門、放射蟲門之下。

如果有機會採集浮游生物，各位不妨仔細觀察。

影像提供／筑波大學下田臨海實驗中心

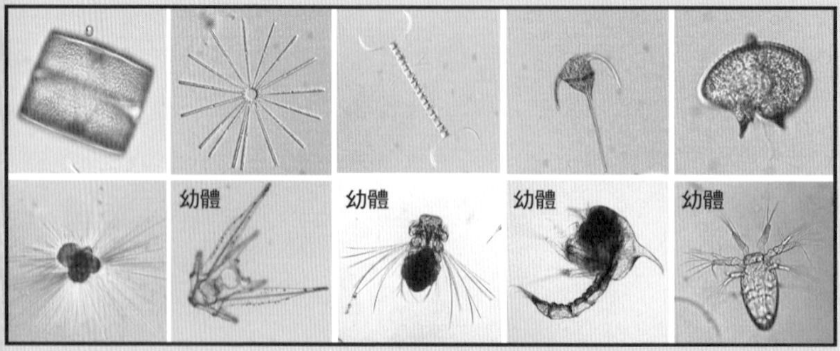
幼體
幼體
幼體
幼體

▲【上】右起：多甲藻、角甲藻、角毛藻屬、伏恩海毛藻、圓篩藻
【下】右起：橈腳類、螃蟹、沙蠶、海膽、抱球蟲

浮游生物與岩石、石油也息息相關？

浮游生物不只是生物，在各領域研究中也占有一席之地。

首先是岩石。鈣板金藻的細胞表面覆蓋著一層圓盤狀硬殼，此硬殼是由碳酸鈣構成，鈣板金藻死後，遺骸沉積在海底形成石灰岩。有時因地殼變動隆起至地面。知名的英國多佛海峽白色峭壁，就是原本沉積在深海的鈣板金藻化石，往上隆起所形成的懸崖。

Cliff Edge

◀英國的白色峭壁。整座峭壁由碳酸鈣構成，因此為白色的。

放射蟲與矽藻多半以原有型態成為化石，沉積在岩層裡。科學家可由此判定這段岩層是何時形成的。

從一九三〇年代起，放射蟲就被科學家用來判定岩層年代，可惜當時人類無法從岩層裡取出完整的放射蟲。之後隨著化學藥劑蓬勃發展，人類終於可以取出完整的放射蟲化石。不久，觀察技術也跟著突飛猛進，一九七〇到八〇年代之間，利用放射蟲測量地質年代的做法一躍成為當時主流。

浮游生物的遺骸不只形成岩層，可提煉石油的油頁岩，也是浮游生物在海底沉積、經過長年累月的化學變化形成。無論過去或現在，浮游生物皆是與人類密不可分的重要生物。

特別專欄

有些浮游生物具有毒性？

有些浮游生物可製造強烈的有毒物質，稱為「有毒浮游生物」。或許有人認為浮游生物是否有毒，不會直接影響人類。事實上，如果貝類吃了有毒浮游生物會產生毒性，人類吃了有毒的貝類很容易引發腹瀉、神經麻痺，嚴重時甚至導致死亡。

日本四到五月間，干貝、蛤蜊、血蛤等雙殼貝都具有毒性，因此日本政府每年都會檢測貝類的毒性含量。

浮游生物也分成植物與動物？

カシャ

生命起源自浮游植物

浮游生物分成行光合作用、吸收陽光生成營養的浮游植物，與透過攝食行為（吃浮游植物）吸收營養的浮游動物。小型魚類吃浮游動物，又被大型魚類獵食，形成食物鏈。浮游植物位於食物鏈最底層，也稱為「初級生產者」。

插圖／加藤貴夫

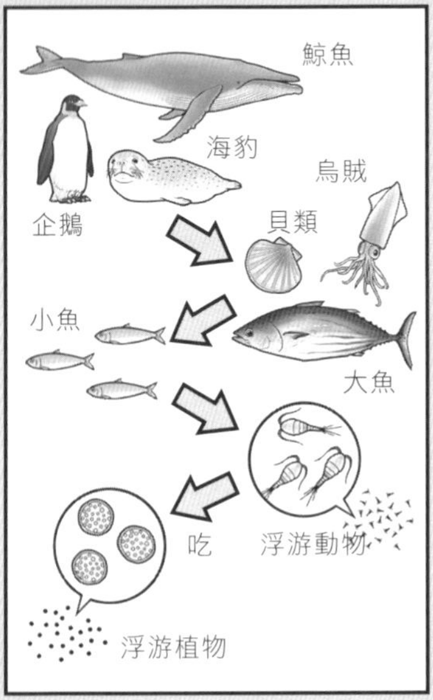
鯨魚
海豹
烏賊
企鵝
貝類
小魚
大魚
吃
浮游動物
浮游植物

▲浮游植物是食物鏈的源頭，串起了各式各樣的生命型態。

行光合作用不只能生成營養，還能夠產生氧氣。無論天候寒暑，只要陽光照射至海裡，浮游植物就能行光合作用。因此地球上約有一半的氧氣皆來自於浮游植物。它們在行光合作用的同時還會吸收二氧化碳，吸收量一年可達五百億噸。

另一方面，矽藻與放射蟲身上的硬殼是由與玻璃主要成分相同的二氧化矽所構成，大小只有一微米到一公釐左右。放在顯微鏡下看真

◀一一挑選矽藻與放射蟲排列而成的作品，美麗的光芒讓人無法想像這些全是浮游生物。

影像提供／MicroWorldServices

的很美，可利用矽藻與放射蟲做出美麗的玻璃工藝品。不過，必須一個個手工排列，還不能打噴嚏，以免將矽藻與放射蟲吹走。

浮游動物雖然小 但真的會攝食！

浮游動物包括外形近似蝦子的磷蝦類，與地球上數量最多的甲殼類（橈腳類）。不過，最為人熟知的浮游動物是水蚤。

水蚤與螃蟹、蝦子同屬甲殼類，外面包覆著一層透明的殼，殼內有五對腳。從側面看可以看到一隻眼睛，讓人以為另一邊也有一隻眼睛，其實牠只有正面的一隻眼睛而已。相信這與許多人想像的截然不同。

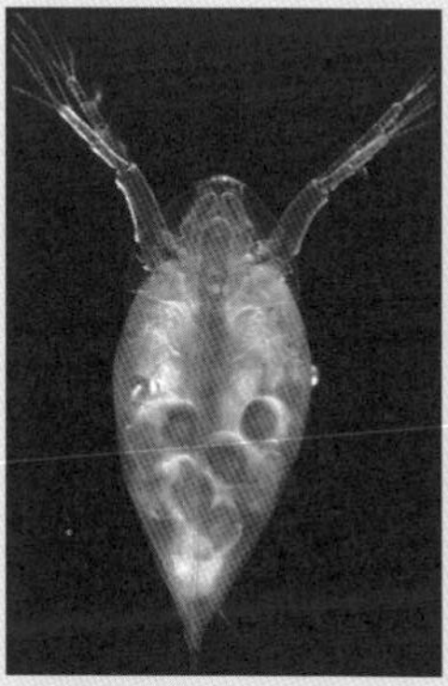

▲圖為從正面看水蚤的照片。

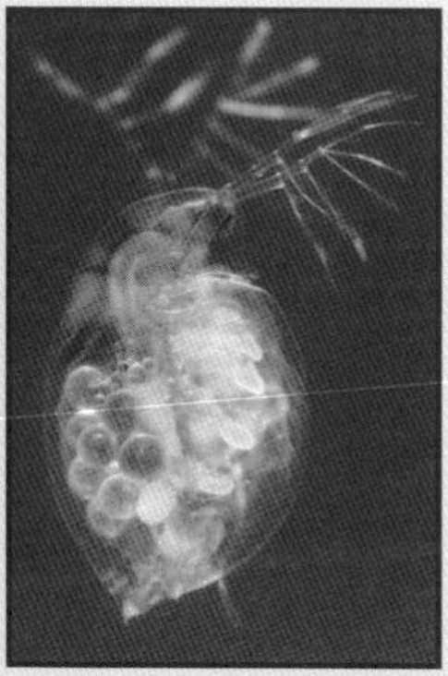

▲圖為體內有卵的水蚤。

影像提供／（左）© Chris Moody/Shutterstock.com（右）© Lebendkulturen.de/Shutterstock.com

此外，母水蚤可行無性繁殖，因此只會產下母水蚤。若遇到食物變少、生存環境變差，母水蚤就會生下公水蚤，由公水蚤與母水蚤一起繁衍後代。有些種類的母水蚤會將大約四十顆卵放在體內孵化，三天後才排出體外。

剛剛介紹了會發出美麗光芒的浮游植物，事實上，浮游動物中也有會散發耀眼光輝的夜光藻（又名夜光蟲）。

其實夜光藻無論白天或晚上都會發出藍色光芒，只是一到晚上就會變得特別明顯。夜光藻受到周遭的刺激會產生反應、反射光線，在海岸邊形成獨特的「藍眼淚」景致。唯一要注意的是，過度繁殖會引發赤潮現象，導致水中缺氧，魚群大量死亡。

▲入夜後夜光藻在海岸邊發出藍色光芒的情景。

© ArtTomCat/Shutterstock.com

發生什麼事啦!?

水母也是浮游生物？揭開驚人的生態！

水母身上遍布數十億支針！

水母總是在海裡載浮載沉，相信各位都曾在水族館看過牠游泳的模樣。有趣的是，水母也是浮游生物的一種，水母並非完全不會游泳，但通常在水中浮游。

水母的身體約九成五由水分構成，沒有大腦。從六億年前便存在於地球上，外形幾乎沒變，由同一個部位攝取食物和排泄廢物，身體構造相當特別。可參照下方插圖了解水母的身體構造。從圖中可知，水母有四個口腕，外皮邊緣還有很短的觸手。

水母最大的特徵是具有毒性。水母的觸手表面長滿小小的刺絲囊，受到刺激便會射出藏在其中的毒針。每隻水母身上總共藏有數十億支毒針！話說回來，真正會危害人類性命的水母十分有限，日本常見的毒水母包括僧帽水母、波布水母、燈水母等。

▲僧帽水母，又稱葡萄牙戰艦。日本俗名為電氣水母，不過牠不會發電。

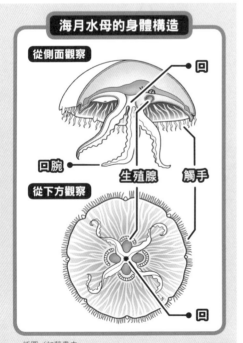

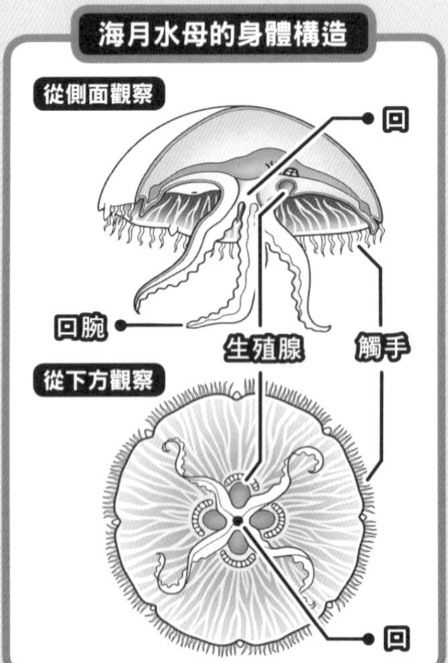
海月水母的身體構造
從側面觀察
口
口腕
生殖腺
觸手
從下方觀察
口

插圖／加藤貴夫

採集鮑魚潛水艇出動！

咳咳！
咳咳！
咳咳！
ズ～
※流～
喔，你感冒啦？
真是太可惜了。
我們要去四丈半島的別墅，
本來也想要邀請你去的。
咦？
滿地都是海膽、鮑魚、海螺…
把新鮮海產拿來作錦壺燒料理，真是人間美味啊。
靜香跟胖虎都要去。
你既然感冒了，那就沒辦法囉。
咦～～
小夫邀請你去別墅玩？真難得。
還不是因為我感冒，他才故意這樣說的。
新鮮的海螺、錦壺燒…

海底迷宮探測號Q&A

Q 人類從多久前就將珊瑚當成寶石使用？①兩百五十年前②兩萬五千年前③二十五萬年前

A ②兩萬五千年前。考古學家曾經從舊石器時代遺跡挖出珊瑚飾品。

「遙控潛水艇組合」。
用這個去採海螺吧！
裝上潛望鏡，
然後將潛水艇…
放入河渠中。
往四丈半島出發。
現在來眺望看看。
啊！
這是那條很髒的大河。

Q 珊瑚都很硬。這是真的嗎？

因為河川和大海是相連的。
這樣就能去四丈半島了。
收回潛望鏡全速前進!!
Yes sir!
※噗咻
西瓜切好囉。
現在不想吃。
真難得。
到底是迷上什麼東西啦。
水越來越乾淨了。
也有魚在游泳。
把潛望鏡升上去看看。
伸出
馬上就到大海了！

A 假的。也有名為「軟珊瑚」的種類。

在地圖上畫出…
到四丈半島的航線。
只要設定好，明天早上應該會到。
好期待喔。
鼾…
ザザァ…
※海浪聲
看到島了!!
鐵定沒錯。
這就是四丈半島！
是小夫家的別墅。
啊，小夫走出來了。

※倒
哇！
真過分！居然往海裡亂丟垃圾!!
※咻
章魚墨汁魚雷發射！
シュバ
※碰嘎
天啊！
你的臉怎麼了？
可能是被章魚的墨汁噴到了吧。
到海裡就能洗掉了。我們去撿海螺吧。
海底真漂亮。
幸好我有帶你們來吧～～

海底迷宮探測號Q&A

Q 珊瑚是一種動物，棲息在相同地區的珊瑚一定會同時產卵。這是真的嗎？

在這麼漂亮的海底，就算遇到人魚也不奇怪。
是我放出潛水艇的幻燈片。
什麼嘛！嚇我一跳。
咦？人魚？
怎麼可能!!
咦？明明就在這邊啊。
我就說吧，怎麼可能有那種東西。
我們去找海螺吧。
好，來吧。
到處都有耶。
スポ
※吸

A 假的。許多地區的珊瑚產卵日皆不同。

撿到好多，好有趣喔。
嗯？這是什麼東西啊？
不過是個玩具，居然採到那麼多海螺。
真臭屁，給我拿來。
小夫太惡劣了!!
我要去搶回來!!
ピタ
!?
有人在拉我!!

※嗶嗒

海底迷宮探測號Q&A

Q 有些海蛞蝓會發光。這是真的嗎？

A 真的。有些品種一受到刺激就會發出藍白色光芒。

吃飯囉。
你為什麼不上來？
別理我，你們先回去。
好好玩喔。
差不多該叫潛水艇回來了。
謝謝！真是辛苦你了。
連小夫的泳褲都帶回來了。
拿去還他，不知道他會是什麼表情。

在這麼漂亮的海底，就算遇到人魚也不奇怪。

海底棲息著各式各樣的生物！

一生都生活在海底的生物稱為海底生物（又稱底棲生物）。這是從生活型態區分的分類。海底生物非常多樣，包括海藻、珊瑚、海葵、藤壺、海星、海膽、蝦子、螃蟹、貝類等。此外，比目魚、鰈魚、鰕虎魚等魚類也屬於海底生物的一份子。

基本上，海底生物完全不動或幾乎不動，若遇到周遭環境改變，棲息在該地的海底生物就會陸續死亡。換句話說，只要調查棲息在某地的海底生物種類，即可得知該海域的狀況。

海底生物不只棲息於深海海底，退潮後露出地面的潮間帶溼地也存在著各式各樣的海底生物。這些海底生物吃各種有機物維生，因此潮間帶溼地又有「自然淨化槽」的美譽。

另一方面，潮間帶溼地很容易受到人類活動影響，過去填土造地已破壞許多溼地，也使得不少海底生物面臨滅絕危機。

▶每逢漲潮就會被淹沒、退潮時就會露出地表的潮間帶溼地。

插圖／加藤貴夫

水面
珊瑚
蝦子
貝類
螃蟹
藤壺
海葵
海星
鰈魚
沙蠶

▲海底棲息著各種生物。海底生物分成完全不動的固著生物，以及可以自由活動的移游生物。

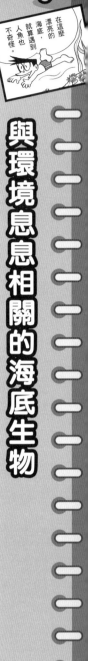

珊瑚不是植物，而是動物，真的嗎？

珊瑚礁常見於熱帶與亞熱帶的乾淨海域，珊瑚其實是與海葵、水母同屬於「刺胞動物門」的動物，並非植物。

珊瑚分成棲息在水深數公尺的淺海、可以形成珊瑚礁地形的「造礁珊瑚」，以及棲息在水深一百公尺以下的海底，外觀十分漂亮，可做成寶石的「寶石珊瑚」。這兩種珊瑚都會分裂生殖形成群體，內部則是碳酸鈣構成的硬質骨骼。

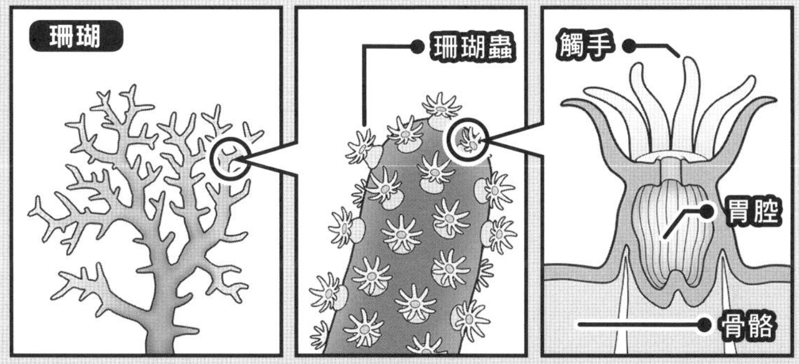
珊瑚
珊瑚蟲
觸手
胃腔
骨骼

▲ 仔細觀察珊瑚即可發現，珊瑚分成柔軟的珊瑚蟲，以及堅硬的骨骼兩個部分。

插圖／加藤貴夫

珊瑚會從珊瑚蟲群體伸出觸手，捕捉海裡的浮游動物吃，同時從住在珊瑚體內的浮游植物蟲黃藻吸收營養。

珊瑚形成的地形有好幾種，包括在島嶼周邊繁殖而成的「裾礁（岸礁）」、島與珊瑚之間出現空隙的「堡礁」，以及島嶼後來沉入海底、海面只剩一圈珊瑚的「環礁」。

珊瑚最令人著迷的特性，還有絕對不可錯過的產卵奇景。科學家發現每年初夏時期的滿月前後，澳洲大堡礁的珊瑚會一起產卵，大量珊瑚卵漂浮在海底的景色如夢似幻，令人沉迷。

此外，珊瑚礁也是許多生物的棲息地，還能保護陸地避免遭受海浪侵襲，對維護地球生態有極大貢獻。遺憾的是，近幾年在海洋垃圾暴增與地球暖化的夾攻下，珊瑚數量銳減。科學家預估，到了二十一世紀中期，全球珊瑚礁可能面臨滅絕命運。

▼ 在沖繩拍到的珊瑚產卵奇景，可看到珊瑚同時產卵的模樣。

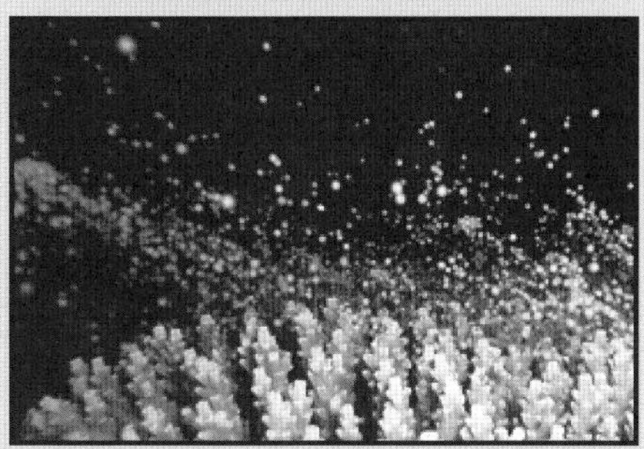

影像提供／ARKDIVE

到處都有耶。

改變身體顏色與樣貌的隱身術！

海底生物中不乏可配合周遭環境改變身體顏色與樣貌、施展隱身術的高手。生物模仿其他事物改變自己身體特徵的行為稱為「擬態」，接下來為各位介紹幾種擅長擬態的海底生物。

首先是棲息在淺灘到水深兩百公尺處岩礁地帶的石狗公。身體為褐色的石狗公，棲息在水深較淺的地方，紅色石狗公則住在水深較深之處，不過兩種都會配合周遭的岩石狀態隱藏自己。此外，紅色光線無法照射到較深的海底，因此棲息在深處的紅色石狗公較難被發現（請參照第八十九頁）。

© eye-blink/Shutterstock.com

▲石狗公的顏色與圖案都很接近周遭岩石。

異形藻片蟹是一種體長只有三公分左右的小型螃蟹，身體顏色與形狀都很像海藻，只要在身上貼上一些海藻就不會被天敵發現，生物的智慧令人佩服。

最後介紹的是比目魚與鰈魚，這兩種魚類會配合海底顏色隱藏身影。話說回來，各位知道如何分辨比目魚和鰈魚嗎？雖然也有例外狀況，不過在大多數情形下，兩隻眼睛長在左側者為比目魚；長在右側者為鰈魚。

▲異形藻片蟹。在身上貼海藻隱藏蹤跡，棲息在溫暖海域。

影像提供／松澤陽士

插圖／佐藤諭

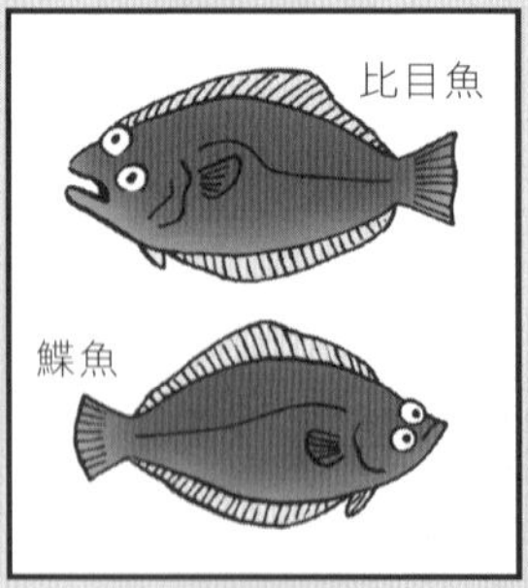
比目魚
鰈魚

▲比目魚和鰈魚長得很像，只要記住「左比目右鰈魚」的口訣就不會混淆。

潛入海底隱藏身影！

為了隱藏自己的身影，海底生物不只利用顏色與形狀融合周遭環境，潛入海底也是保命方法之一。螻蛄蝦是一種體長為十公分左右的海底生物，平時棲息於潮間帶泥灘。螻蛄蝦在幼體時期就會挖洞，長到成體後，可挖掘兩公尺深的洞穴。螻蛄蝦挖的洞呈U字型，下方還連著一處長條狀洞穴，裡面住著小型鰕虎魚和蝦子，形成共生狀態。

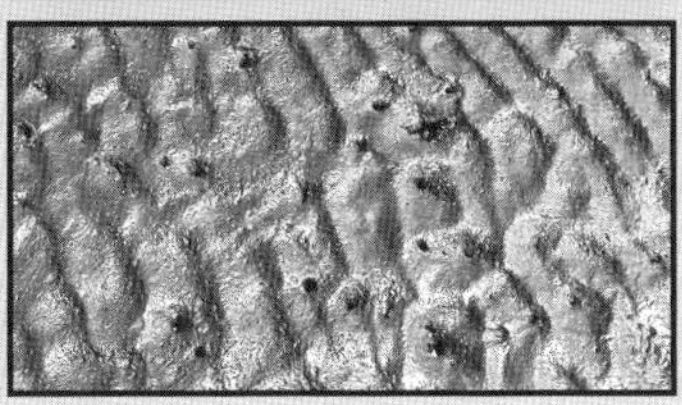

▲螻蛄蝦（上）與其巢穴（下）。巢穴入口清晰可見。

影像提供／松澤陽士

水族館中最受歡迎的是哈氏異康吉鰻。哈氏異康吉鰻會將一半以上的身體藏在洞穴裡，當天敵靠近時便迅速將全身埋入洞裡。由於棲息在水流較強的海域，只要待在原處就能捕食隨著水流漂過來的浮游動物。此外，哈氏異康吉鰻長相討喜，還被創作成卡通人物，頗受小孩喜愛。不過，為了爭奪地盤，必要時牠們也會拚命搏鬥。

廣東彈塗魚會用嘴搬運泥土，在泥灘中建造巢穴。巢穴呈J字型，方便空氣從開口處進入。整個冬天廣東彈塗魚待在巢穴裡，等天氣回暖後，就會來到潮間帶活動，以彈跳方式移動。廣東彈塗魚不只靠鰓呼吸，也能透過皮膚呼吸，因此牠們不在水中亦可存活。

大彈塗魚和廣東彈塗魚很類似，不過身體是廣東彈塗魚的兩倍大。大彈塗魚也會在潮間帶泥灘中建造巢穴，利用彈跳方式移動身體。

這兩種彈塗魚都怕乾燥，一旦身體表面變乾就會死亡，所以經常可見到牠們在泥灘滾動身體，維持體表潮溼。

▲身體有一半以上埋在沙子裡的哈氏異康吉鰻。

© Dray van Beeck/Shutterstock.com

▲廣東彈塗魚。在泥灘中建造J字型巢穴。

© lai li-wei/Shutterstock.com

自備水中黏著劑的各種生物

在水底生活的各種生物中，藤壺的黏著性最強。藤壺的外形雖然類似貝殼，但卻與帶殼的蝦子和螃蟹一樣屬於甲殼類。藤壺孵化出來的後代會在水中浮游，找到適合生存的地方後，位於觸角上的黏腺便噴出黏液，讓自己附著在該處。此黏液的成分超過九成是蛋白質，黏性很強。

地中海貽貝也是具有超強附著力的海底生物之一。從外殼縫隙伸出足絲，黏著在岩石或船底。地中海貽貝與藤壺相同，皆利用蛋白質黏著在其他物體上。

這些生物的蛋白質成為各領域用來研發「水中黏著劑」的原料，也是醫學和電子學領域最希望廣泛應用的重要物質。

插圖／加藤貴夫

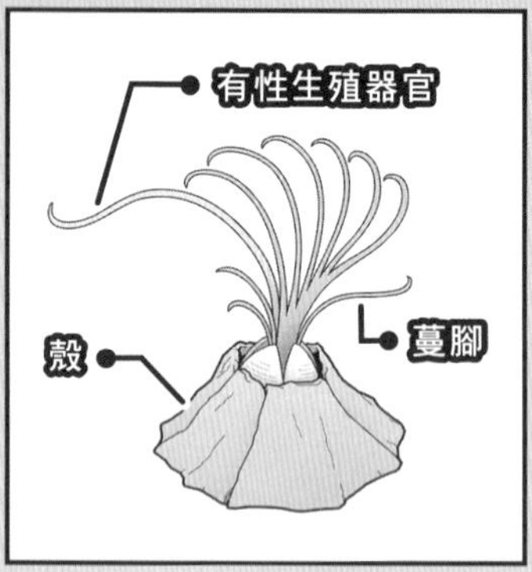
有性生殖器官
蔓腳
殼

◀藤壺的黏著力不因本體死亡而消滅。

▶地中海貽貝也具有超強黏著力，希望未來有一天能應用在醫療行為上。

海蛞蝓是海裡的大明星

有些卷貝的貝殼在退化之後消失，成為俗稱的「海蛞蝓」。幼年的海蛞蝓有一個小小的殼，由於外觀長得像牛角一樣，因此日文稱為「海牛」。在此特別強調，海蛞蝓並非正式的生物分類。

海蛞蝓的大小從幾公釐到幾十公分不等，顏色與形狀各有不同，有些海蛞蝓甚至會發光。

此外，海蛞蝓分成肉食種和草食種，肉食種以小蝦等小型動物為食；草食種則以吃海藻維生。從左方三張照片即可看出，每種海蛞蝓的顏色與外形都不一樣。

▶海蛞蝓的顏色與外形各有不同，有些看起來十分美麗。

大葉囊藻是許多生物的棲息地

植物也是海底生物的一種。最具代表性的海底植物就是海藻，其中體型最大的大葉囊藻每天可長五十公分，總身長甚至超過五十公尺。

大葉囊藻常見於美國阿拉斯加半島到加利福尼亞灣一帶，生長最密集的海域有「巨人海草森林」之稱。該處不只孕育著豐富的魚類，也是海豹、海獺等各種生物的棲息地。海獺會在身上纏繞著大葉囊藻，避免睡覺時被海流沖走。

遺憾的是，有些海域的大葉囊藻已完全滅絕。十八世紀時，人類為了獲取皮草大量捕殺海獺，使得海膽數量暴增（海獺是海膽的天敵），最後海膽吃光了大葉囊藻，導致滅絕。生物具有多樣性，可創造出互利共生的環境。因此，就算只有一種生物滅絕，也會破壞整個生態系統。

▲大葉囊藻是許多生物的棲息地。

特別專欄

鮑魚是卷貝？

鮑魚是眾所皆知的高級食材，相信各位一定曾經看過照片，或在美食節目上看過。不少人以為鮑魚屬於雙殼貝，事實上鮑魚底部有一片扁平的殼，屬於卷貝的一種。只要仔細觀察殼的背面，就會看到捲繞的痕跡。

此外，殼的背面有四到五個孔洞，用來呼吸、排泄、排卵、排精。

遛魚

空中

你們看！這些魚很聽話吧～
※啪啪
※轉頭
ヌウ

我自己訓練的。
會聽話的魚很可愛喔。
你們也養養看吧！
啊！
抱歉！抱歉～不好意思。
我忘了這附近只有我家院子有魚池。
什麼!?你又被小夫那傢伙嘲笑了？
好！我們也來訓練魚吧!!
怎麼可能。
家裡連魚缸都沒有。

Q

日本高知縣的深海觀測設備設置在多少公尺深的海裡？①三百五十 ②三千五百 ③三萬五千

什麼都沒有也沒關係。
哆啦A夢真可靠。
事不宜遲。
金魚太普遍了啦。
要養就要養別人沒有的。
那很貴吧！
不用錢啦。
什麼？要從海裡抓？
抓一把起來！

A ②三千五百公尺。為了方便長時間在同一處進行深海觀測而設置。

Q

長鰭鮻鰊魚的雌魚體型比雄魚大。這是真的嗎？

然後捏一下，
讓身體沾上味道。
ギュ
再撒到海裡。
※沙啪
※啪沙啪沙
※捏碎
バシャ
バシャ
ザバー
呀啊？魚飛起來了!?
只要吃了這個飼料，就能在空氣中生活。
而且，看誰餵飼料給牠，牠就會乖乖聽話喔。

A 真的。雄魚體型很小，寄生在體型較大的雌魚身上。

你看！牠們搖著尾巴跟過來了。
咦？你有養魚!?
你家又沒池子。
頂多養些蝌蚪吧。
ピピッ
※嗶嗶
※飛出
野比

很聽話吧。
※沙沙
注意。
※轉
旋轉。
謝謝你幫我買東西，辛苦你了。
你到底是怎麼辦到的？
只要握一下這個飼料。
大雄。
不可以把祕密說出去啦。
抱歉。

海底迷宮探測號Q&A

Q 載人深海調查艇「深海6500」需花費兩個半小時才能潛入六千五百公尺的深海。這是真的嗎？

A

真的。浮上海面同樣也需花費兩個半小時。

帶牠們去散步吧。
不可以亂跑喔。
好棒喔。
好羨慕啊！
我不甘心。
偷偷抓一把。
※噴
※匡啷匡啷

居然還有警衛。
不過我還是拿到了。
我叔叔是船長，
常常出海到外國去。
把這個撒到海裡？
沒錯盡量撒到海中央。
好期待～不知道會出現什麼樣的魚。嘻嘻～
呀啊～救命啊!!
哇！怎麼來了一些怪魚啊。

嚴峻的深海環境竟然也有生命！

謝謝你幫我買東西，辛苦你了。

幾乎所有海洋皆為深海！

深度越深，陽光越不容易照射，超過一定深度的海裡漆黑一片，水溫只有攝氏二到三度。水中壓力與深度成正比，與陸地相較，壓力甚至高達幾十倍到幾百倍。那是一個超乎人類想像的世界，沒有光就沒辦法行光合作用。

我們以「深海」兩個字形容那個超乎我們想像的世界，感覺上那是一個十分罕見的地方。兩百公尺以下稱為深海，地球上海洋的平均深度達三千八百公尺，若說幾乎所有海洋皆為深海，一點也不為過。順帶一提，一般人從事的休閒潛水（水肺潛水），通常深度介於水面到水深四十公尺處。

剛剛提到過深海的溫度，在水面到水深一千五百公尺之間，溫度會與深度成正比逐漸下降，但會在超過一千五百公尺之後維持恆溫。此外，水壓則是每十公尺上升一氣壓。陽光最多只能照射到水深大約一千公尺處，因此棲息在這個深度的生物擁有眼睛，用來辨識周遭環境。波長較長的紅光會被水分子吸收，所以照射到深海的光線都是波長較短的藍光，這就是深海世界看起來是藍色的原因。

儘管生存環境十分嚴峻，但目前已經證實，深海仍有生物棲息，水深八千公尺附近還有魚類存活。

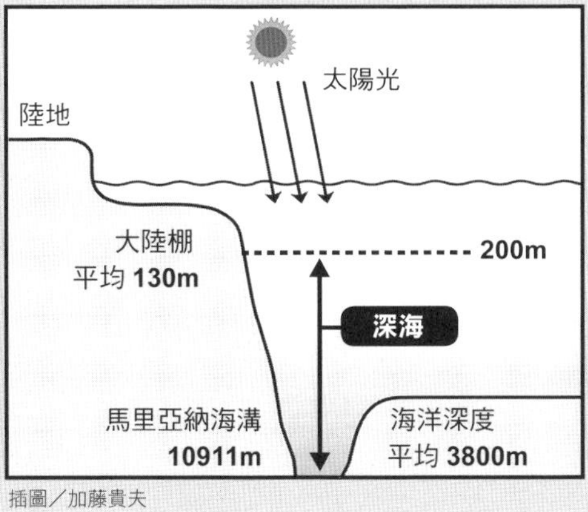
太陽光
陸地
大陸棚
平均 130m
200m
深海
馬里亞納海溝
10911m
海洋深度
平均 3800m

▲大海剖面圖。幾乎所有的海洋都是「深海」。

插圖／加藤貴夫

好期待～不知道會出現什麼樣的魚。嘻嘻～～

深海有許多外形奇特的生物？

深海與我們熟知的淺海環境截然不同，許多棲息在深海的生物演化出獨特的外形。接下來為各位介紹幾種最具代表性的生物。

首先要介紹的是長鰭鮟鱇魚。牠們的全身布滿了像線一樣的細絲，可以敏銳感應食物與海潮的流向。頭部長出一根類似長竿的物體，可以用來捕捉食物，不過不會發光。牠們主要棲息在水深一百公尺到一千五百公尺的範圍內。

穴口奇棘魚的身體十分細長，嘴巴可以張開到一百八十度。雌魚的下巴長著一根會發光的鬚狀物，雄魚則沒有。牠們主要棲息在水深四百公尺到一千五百公尺的海域。

環礁冠水母是一種長得很像飛碟、而且全身發光的深海水母，身長十五公分，只要遭受獵食者攻擊就會發

造型神祕的深海生物

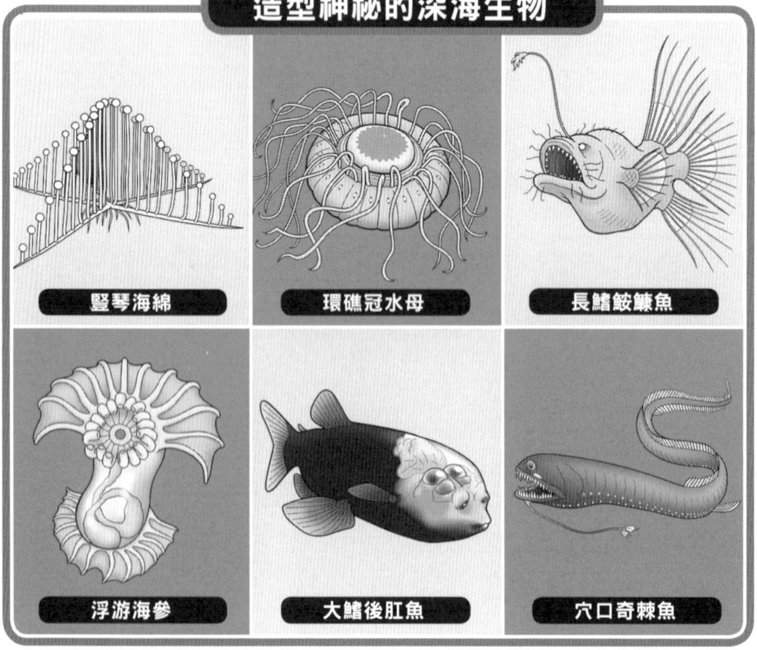
豎琴海綿
環礁冠水母
長鰭鮟鱇魚
浮游海參
大鰭後肛魚
穴口奇棘魚

插圖／加藤貴夫

光，吸引獵食者的天敵過來。不過，至今人類還不清楚其發光的生理機制。

大鰭後肛魚的頭部是透明的，可以清楚的看見裡面的眼睛和鼻子。牠的眼睛生長在充滿液體的半球狀物體中，可以隨意移動，不只能看前方，也能夠看到頭頂的狀況。體長約十五公分，棲息深度介於四百到八百公尺之間。

豎琴海綿長得很像豎琴，垂直分支的前端有一個小小的倒鉤，可以將甲殼類勾住，再以薄膜將其包覆，然後慢慢消化。目前已經確認牠們的主要棲息地在三千到三千五百公尺處。

最後要介紹的是浮游海參。浮游海參只要一受到刺激，身體就會發光，主食為海底的泥。棲息範圍很廣，從水深四百公尺到五千五百公尺處，都可以看到牠們的蹤影。

以上介紹的只是極少部分的深海生物，目前深海仍有許多未解之謎，世界各國無不積極研究棲息在深海的各種生物。

特別專欄

研究鯨魚的過程中，成功拍到巨烏賊

二〇一二年，日本國立科學博物館的窪寺博士團隊成功拍攝到巨烏賊的首支影片，在全世界掀起話題。巨烏賊是目前已知全世界最大的無脊椎動物，最大可達十八公尺。

窪寺博士的團隊原本想研究抹香鯨捕食烏賊的情景，他們在抹香鯨的身上裝設水深記錄器，研究其日常行為。

結果發現，抹香鯨白天時會在水深八百到一千公尺處出沒，晚上則在水深四百到六百公尺處潛游。

接著，根據這一項資訊，研究團隊製作出二十三個串連了食物、魚鉤、燈具、相機、浮標的誘餌，意外的錄下了巨烏賊獵食誘餌的情景。

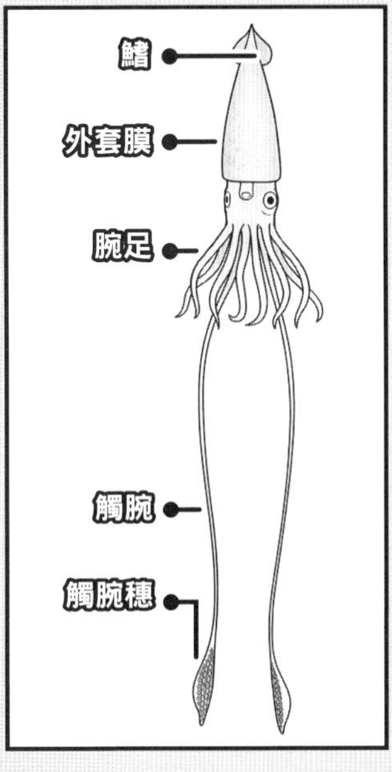
鰭
外套膜
腕足
觸腕
觸腕穗

插圖／加藤貴夫

深海也有樂園！

深海水溫較低，沒有光線照射，無法行光合作用，生物很難在這種環境下生存。不僅如此，地球內部的岩漿使深海溫度升高，有些地方甚至噴出高達攝氏四百度的熱水，稱為「深海熱泉」。熱泉內含的金屬長久沉積就會形成像煙囪一樣的「海底煙柱」。

此外，由於微生物會製造有機物，熱泉含有相對應的化合物。多虧這些化合物，即使身處無法行光合作用、養分極少的深海，許多生物還是能安心棲息。

◀深海熱泉。從海底噴發出含有硫化氫的熱泉。

影像提供／OAR/National Undersea Research Program（NURP）; NOAA

人類在海底熱泉附近找到的生物中，最有名的是湯花蟹與鱗角腹足蝸牛。湯花蟹是一種數公分大的白色螃蟹，眼睛已經退化。另一方面，鱗角腹足蝸牛平時附著在海底煙柱上，熱泉內含硫化鐵，在牠身上形成一層鱗片。不僅如此，白瓜貝與管蟲也因體內含有可進行化學合成的細菌形成共生關係，細菌會利用熱泉裡的硫化氫氧化所釋出的能量幫助二氧化碳合成有機物。在如此巧妙的機制之下，深海熱泉的噴發口孕育出寶貴的生命，科學家認為這裡可能是地球上最早出現生命的地方。

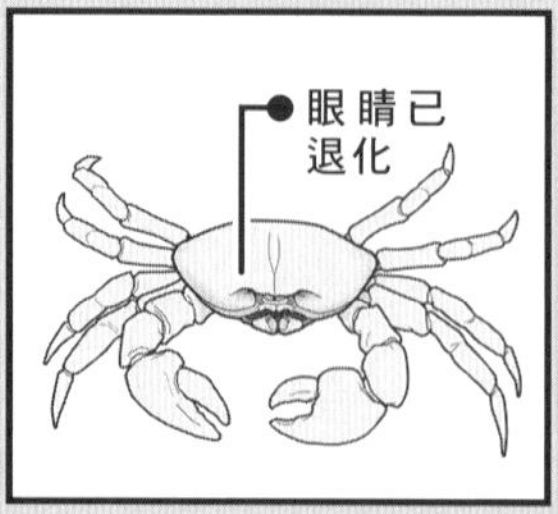
眼睛已退化

▲湯花蟹。可以在深海熱泉的熱泉噴口附近看到牠的身影。　插圖／加藤貴夫

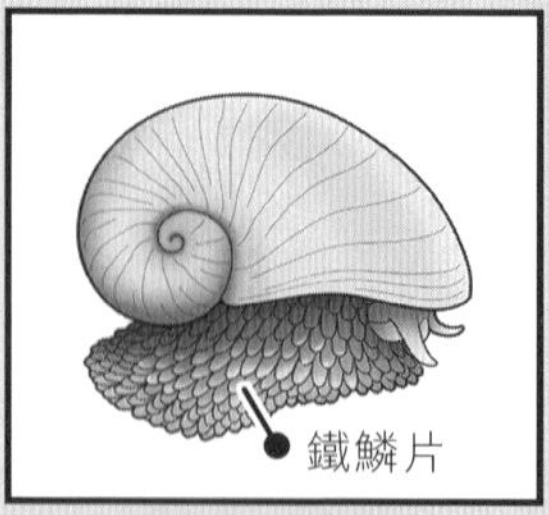
鐵鱗片

▲鱗角腹足蝸牛。身上覆蓋著一層由硫化鐵所形成的小鱗片。　插圖／加藤貴夫

深海出現有機物的另一個契機來自鯨魚的死亡。科學家已經在深海找到好幾個鯨魚骨骸，也在該處發現不少生物。鯨魚死後沉入海底，於是其他生物開始吃鯨魚屍體，在深海建構出一個全新的生態系統。

深海熱泉附近的生態系統來自於從地底湧出、含有硫化氫的熱泉。巧合的是，當細菌分解鯨魚骨頭，同樣也會生成硫化氫。不過，兩個生態系統雖有同樣的生物，但科學家只在鯨魚骨骸附近發現食骨蠕蟲屬的深海多毛綱動物。

日本的載人潛水調查艇「深海 6500」潛入四千公尺的深海，發現鯨魚骨骸。於是他們做了一個實驗，將鯨魚骨骸丟入海底，觀察後續的發展。未來人類將研發更先進的海底探查機，進一步釐清深海世界。

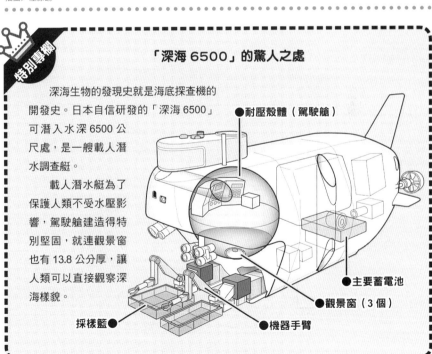

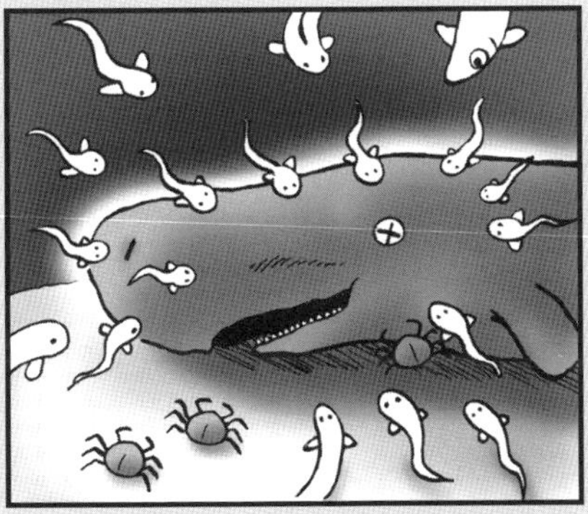

▲ 鯨魚屍體為深海生物帶來養分，是十分寶貴的營養來源。

插圖／佐藤諭

特別專欄

「深海 6500」的驚人之處

深海生物的發現史就是海底探查機的開發史。日本自信研發的「深海 6500」可潛入水深 6500 公尺處，是一艘載人潛水調查艇。

載人潛水艇為了保護人類不受水壓影響，駕駛艙建造得特別堅固，就連觀景窗也有 13.8 公分厚，讓人類可以直接觀察深海樣貌。

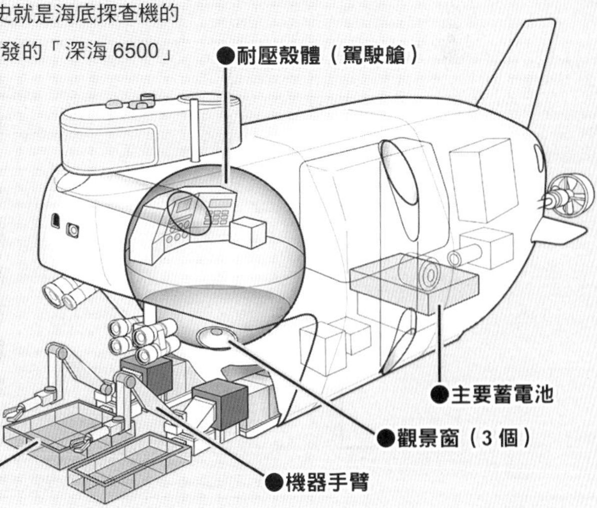
●耐壓殼體（駕駛艙）
●主要蓄電池
●觀景窗（3 個）
採樣籃●
●機器手臂

插圖／加藤貴夫

實物合板

冬天好冷，真討厭。
我喜歡夏天。
我也喜歡夏天，可以去海邊玩。
在炎熱的太陽下游泳很舒服呢。
明明就是旱鴨子。
不會游泳就不能喜歡夏天喔！
哈啾！
好冷喔，沒開暖爐嗎？
暖爐壞掉了。
快想想辦法啊。
我正要想辦法啦。
「實物合板」。

畫一個暖爐……
※唧唧唧
ギコギコ
再切割下來。
哇~好溫暖喔。
這是用來製作舞台裝置或小道具的合板。
我也想做，快給我合板。
你在畫長毛的氣球啊。
是夏天的太陽啦。
好熱。
真的像夏天一樣呢。

海底迷宮探測號Q&A

Q 下列哪樣物品沉入深海也不會變形？①乒乓球 ②豆腐 ③保麗龍

A ②豆腐。中間有空氣的物品會因為水壓而變形。

※擦擦
ゴシゴシ
這樣不需要暖爐。
你要這麼多合板做什麼啊？
夏天的海洋。
那你為什麼要畫山？
這是波浪啦。
※海浪聲
ザザザザー
你看，海浪在動了。
這一團黑黑的又是什麼？
天上的雲啊!!
※轟隆轟隆
ゴロゴロ
※閃電
ピカ
※嘩啦啦

你幹嘛畫烏雲啊？
反正我就是不會畫畫啦。
夏天要畫積雨雲啊。
準備得差不多了……
真的會變成夏天的大海嗎？
※海浪聲
波浪的範圍內變成海水囉。
ザザザァー!!
ザァ……
真的能游泳嗎？

海底迷宮探測號Q&A

Q 若以長度來比，何者較長？①世界第一高山的「標高」②世界第一深海的「水深」

A ②世界第一深海的「水深」。聖母峰標高為八千八百四十八公尺，馬里亞納海溝最深處為一萬零九百一十一公尺。

兩個人玩太無趣了，
我去邀請靜香。
我做出夏天的大海囉。
靜香不在啊。
我們去你家玩吧。
哇～夏天耶。
這不是真的海水，不用脫衣服也不會弄溼啦。

看起來好開心喔，
我也要游。
救命啊！
想不到假的海水也會溺水。
你為什麼不游啊？
為什麼啊？
怎麼辦……
搭船比較好玩喔。
給你開個洞。
哇～要沉了。

Q 地震引起的「海嘯」與平時的「波浪」，本質上皆為同樣原理所引起的海水波動。這是真的嗎？

我受夠了。
把海浪的顏色消掉。
?
大雄，
聽說你做出大海啦？
怎麼突然……
變冷了啊？
是冰山啊，這是南極的大海!!

A 假的。「波浪」是風在海面附近產生的現象；「海嘯」則是海底地形發生變化，搖晃整個海水引起的振盪。

你看，海浪在動了。
ザザァ

海水持續在流動！

地球的「水」比想像中少？

從外太空看到的地球之所以是藍色的，是因為地球表面覆蓋藍色海洋。換句話說，地球有水，看起來才是藍色的。不過，若與整個地球的重量相比，水其實比想像中少。各位不妨猜一下，如果將地球上所有的水集中在一處，會變成多大的「水滴」？其結果請參照左上方的插圖。你一定驚訝的想：「怎麼會才這麼一點點？」事實上，就是這麼「一點點水」，讓地球出現多樣化的生命，更造就了現在的地球環境。

插圖／佐藤諭

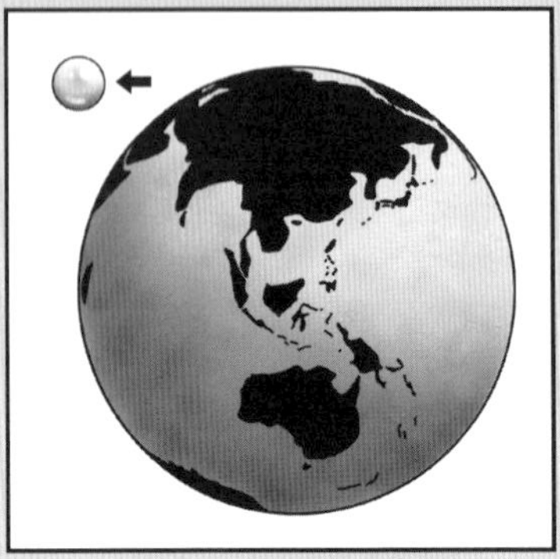

▲方便人類利用的水量比圖中的水滴更少。

地球上何時有水？從何地而來？

地球上的水比想像中少，不過，地球是太陽系裡唯一有液態水的星球。這令人不禁猜想，地球上的水究竟從什麼地方來？目前的主流學說認為，在地球誕生之後，一顆或數顆帶冰的小行星撞擊了地球。小行星上的冰，在太陽的照射下融化，形成液體，剛好成為覆蓋地球表面

插圖／佐藤諭

H_2O

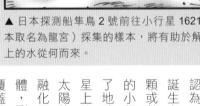

▲日本探測船隼鳥 2 號前往小行星 162173（日本取名為龍宮）採集的樣本，將有助於解開地球上的水從何而來。

不同深度的海水差異

不同深度的海水帶有不同性質，依鹽分濃度的高低與海水溫度，可分成表層水、中層水、深層水與底層水。

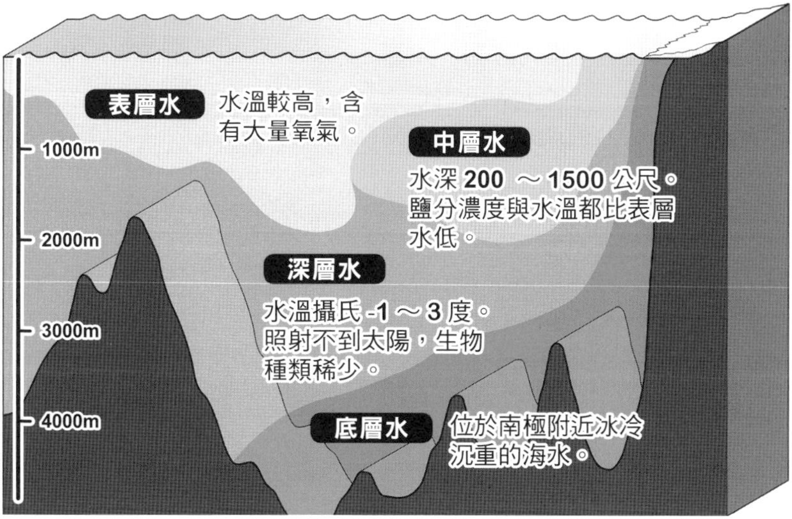
1000m
2000m
3000m
4000m
表層水
水溫較高，含有大量氧氣。
中層水
水深 200 ～ 1500 公尺。鹽分濃度與水溫都比表層水低。
深層水
水溫攝氏 -1 ～ 3 度。照射不到太陽，生物種類稀少。
底層水
位於南極附近冰冷沉重的海水。

插圖／加藤貴夫

的海洋。

生命稍縱即逝，生命誕生後如果無法繼續繁衍，地球就不可能變成「生命之星」。換句話說，正因為有適量的水，地球成為一顆適合孕育生命的行星，延續了四十億年的生命。

同爲「海水」，特性卻不一樣

如果以一個字來形容海水，那就是「鹹」；不過，並非每個地方的海水都一樣鹹。在不同地方採集的海水，鹽分濃度皆不同。

不只是鹹度，不同地方的海水溫度也不一樣。太陽光充分照射的淺海水溫較高，由於太陽光無法照射到深海，水深越深，溫度越低。水深一千公尺左右的深海沒有陽光維持溫度，水溫只有攝氏六到八度左右。

簡單來說，海水覆蓋地表約百分之七十的面積，不僅各地方的海水不同，還會帶有當地特色。上圖是海洋的垂直剖面示意圖，海水性質的差異影響地球的氣候變動（請參照一〇六至一〇七頁），也帶來了生物多樣性。

是夏天的太陽啦。

受風吹動的「洋流」

洋流就像行駛在道路上的汽車依固定方向環流

大海表面附近隨時都有大型洋流經過，稱為「表層洋流」。

海洋生物可隨著洋流移動數千公里，國外的漂流物也能隨著洋流漂到日本沿海，隨著潮汐漂上岸。

沿著地表吹拂的風，風勢強勁，吹動海水表面，因此產生洋流。

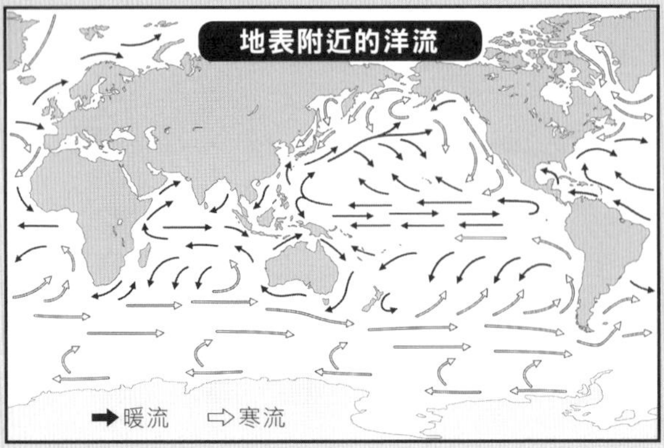
地表附近的洋流
暖流
寒流

插圖／加藤貴夫

吹過海面上的風產生了洋流

引發洋流的主因是「西風帶」與「信風」。水面至水深六十公尺的海水受到這些風的影響，形成洋流。深一點的海水則受到表面附近的海水波動牽引，往相同方向流動。這也與地球自轉的力量（科里奧利力）有關。

其實洋流不只帶動實質的物體，也會運送熱氣，因此產生了「暖流」與「寒流」之分，為洋流周邊的陸地帶來不同的氣候變化（請參照上圖）。

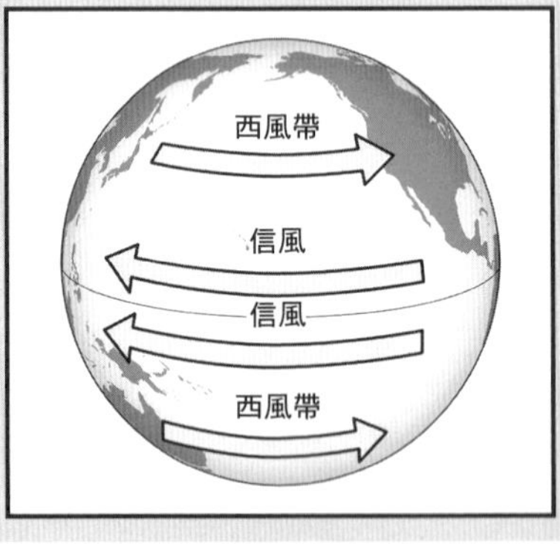
西風帶
信風
信風
西風帶

▲西風帶與信風的力量，加上科里奧利力的相乘效果，強化了大海西邊的洋流。

插圖／加藤貴夫

日本豐富的海洋資源也是洋流帶來的恩賜

日本四面環海，很容易受到洋流影響。日本近海主要有四道洋流，其中以從太平洋南邊往北的黑潮（暖流），與從北往南流的親潮（寒流）最具代表性。這兩道洋流的交會處混雜了暖流和寒流的水，形成「潮境」。隨著黑潮而來的魚群，在潮境中大肆享用親潮帶來的豐富浮游生物。當魚群聚集在此捕食浮游生物，自然引來體型更大的魚類。由於這個緣故，黑潮與親潮的交會處成為太平洋上漁獲量最多的漁場。

另一方面，夾在亞洲大陸與日本列島之間的日本海，並沒有黑潮或親潮這類的大型洋流。不過，吹過日本海上的冷冽季風會降低大海表面的海水溫度，使表面海水往下沉。大海表面的浮游植物由於受到陽光照射，行光合作用，因此表面海水含有大量氧氣，當這些水沉入海底，同時也將氧氣運送至深海，讓日本海成為生態豐富的海域。

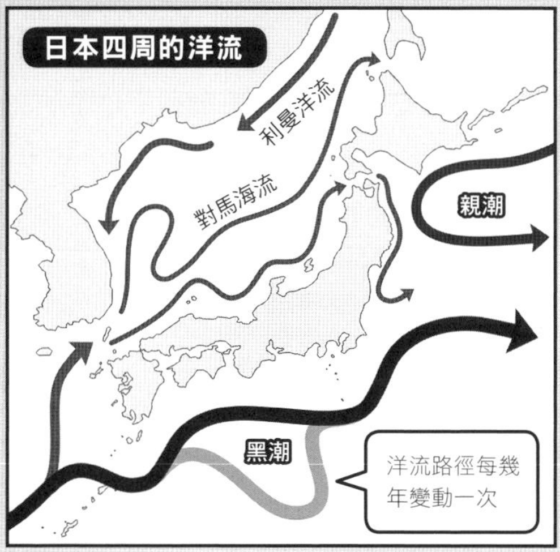
日本四周的洋流
利曼洋流
對馬海流
親潮
黑潮
洋流路徑每幾年變動一次

插圖／加藤貴夫

特別專欄

隨著洋流移動的大量魚群

秋刀魚和沙丁魚都是在固定季節隨著洋流在海裡移動的洄游魚類。春天產卵後，在溫暖的黑潮海域生活；夏天之後，轉到親潮海域吃浮游生物，逐漸成長。等到海水變冷，再次回到黑潮海域產卵。

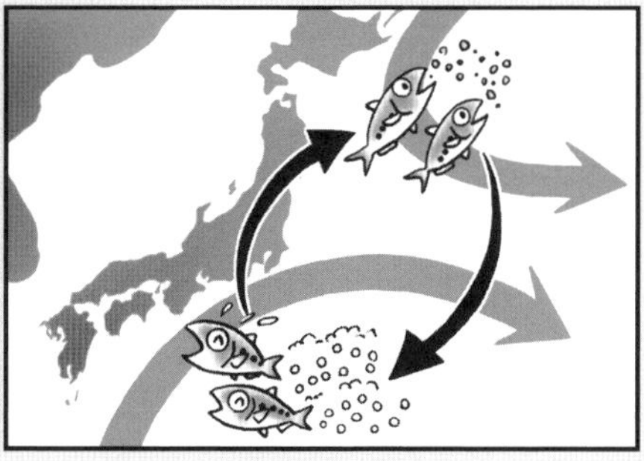

插圖／佐藤諭

怎麼突然……
變冷了啊？

月球引力也會牽動海水！

因海水重量不同而產生的「深海環流」

海面附近的海水流動受到風的影響（請參照一〇四至一〇五頁），事實上，深海也有洋流產生，稱為「深海環流」。深海環流的生成原因是海水的「重量不同」。而且越鹹越冷的海水重量越重。相信各位都曾在寒冷冬天泡澡，泡進浴缸卻發現底部的水較冷。此外，我們在海裡游泳時會覺得身體漂浮在水面，身體比在陸地上輕盈。儘管人體大部分是水，但因為海水鹽分比體內水分的含鹽量高，重量也比較重，海水浮力較強，才會有這種感覺。

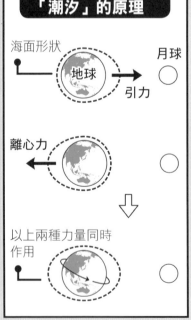

※漂浮　　插圖／佐藤諭

ぷか
ぷか
熱
冷
又鹹又冷的水較重

「潮汐力」搖動海水

深海環流的作用機制也是同樣的道理。海水在南極等寒冷地帶變冷，含鹽量較高、重量較重的海水沉入深海。此時若沒有其他外力影響，沉重的冰冷海水將永遠待在海底深處。就像我們泡澡時會攪動浴缸的水，海水也受到某種力量的牽引而流動。這股力量便是高掛空中的月球產生

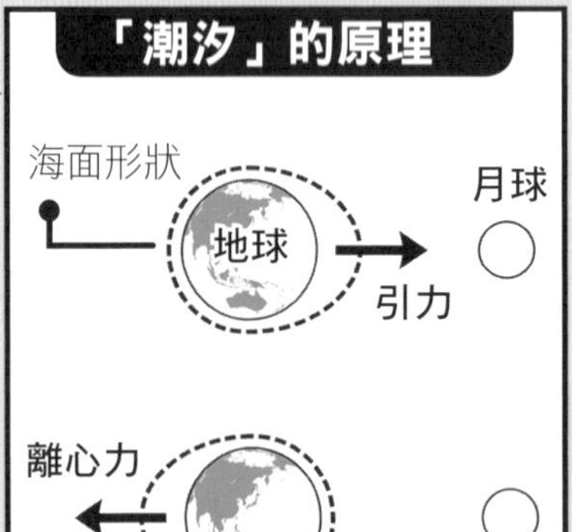
「潮汐」的原理
海面形狀
地球
月球
引力
離心力
以上兩種力量同時作用

插圖／加藤貴夫

深海環流的循環示意圖

過去人類以為深海的水靜止不動，經過進一步分析之後，才發現深海的海水循環不止。

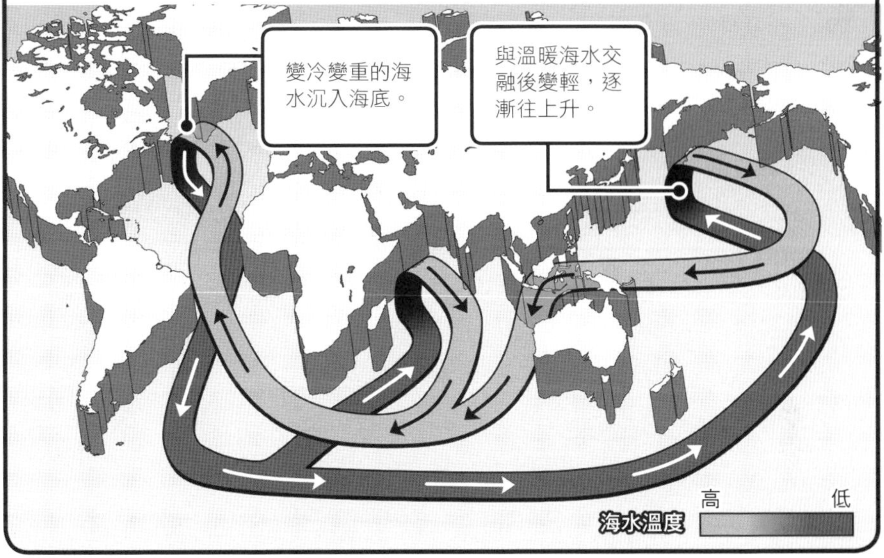
變冷變重的海水沉入海底。
與溫暖海水交融後變輕，逐漸往上升。
高
低
海水溫度

插圖／加藤貴夫

的引力。引發滿潮的「潮汐力」使海水搖晃，衝撞海裡的山（洋中脊），引發亂流。亂流會將海面附近的熱氣帶到大海深處，使深海的水變暖，再次往上升。

從下沉到往上升的過程約需兩千年！

海水變冷後往下沉，變暖後再次往上升。深海的海水大約以兩千年為一週期，緩慢進行深海環流。

深海環流的作用就是將赤道附近的溫暖海水帶到寒冷地區，避免地球出現極端酷熱與極端寒冷的地方，維持穩定氣候。

特別專欄

異常氣候的原因在於深海！

根據觀測資料顯示，南極附近的深海水溫在這幾十年間升高了攝氏 0.077 度。各位可能覺得這個溫度變化沒什麼大不了，但水比空氣更容易蓄熱。些微的水溫上升很可能改變深海環流的循環路徑，對整個地球的氣候帶來莫大影響。

不僅如此，有些研究學者指出，使深海水溫升高的熱能會隨著深海環流釋放至大氣之中，導致地球暖化的現象日益嚴重。

心想事成錠

約他應該會去吧？
因為游泳池很好玩啊！
我說什麼也會把他拖去。
那麼，打賭他不會去的人只有我囉？
輸的人，要給我們每人十圓喔！
我知道。
大雄，我們去游泳吧！
我也想去啊…不過，我現在正在唸書……
你在唸書？
書等一下再唸就可以了。
你想要害我輸十圓嗎？給我去！
我會去的！再等一下啦！
等一下是等多久？
這個嘛…再等個二、三年左右吧！

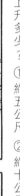

嘿嘿嘿～那你們每人要給我十圓。
嘖！
嘿嘿嘿～我早就知道了。
大雄那傢伙根本不會游泳。
陰險的傢伙！
還我十圓！
至少要在二、三年內，學會游泳才行。
※跳
ピョン
※滑水
モタモタ
※撥水
哎呀！
你在做什麼啊？

海底迷宮探測號Q&A

Q 若南極的冰全部融化，海平面將上升多少？①約五公尺 ②約十公尺 ③數十公尺以上

咦…那是在練習游泳啊？
我根本不會游泳。
去游泳池練習不就好了？
我要等到會游才去！
這樣的話，不管過多久你還是學不會啊。
說的也是！
這樣果然行不通。
你吃這個好了！
這叫做「心想事成錠」。
這是什麼藥啊？
就是你心裡想什麼，通通都會變成真的。
ポイ
※丟
那麼，你開始想像這個房間是游泳池。
這裡是游泳池…游泳池。

A ③數十公尺以上。南極陸冰體積達2470萬立方公里，將漂浮海上的冰棚計算在內，達2540萬立方公里。地球上90％的冰都在南極。

Q 可潛入水中六千五百公尺的載人潛水調查艇「深海6500」沒有廁所。這是真的嗎？

ゴボゴボ
※咕嚕咕嚕
快讓我上去！
我要溺水啦！
這裡是幼稚園的游泳池，水位只到膝蓋而已。
呼～得救了。
已經不會溺水了。
你可以開始練習了。
チャプチャプ
※撥水
幼稚園的話，周圍應該有很多小朋友在游泳吧！
哎呀～腳又踢到人了。
對不起！小朋友真是脆弱，一直哭個不停耶！
？
被抓起

我被幼稚園的老師趕出來了。
你為什麼要去想像那些多餘的畫面啊？
那麼，我們到海邊去游泳吧！
這裡就是海邊！
這是海岸邊，這邊是沙灘，那邊是海。然後這裡沒有其他人在。
哇啊！我可以聽到海浪的聲音耶！也可以看到寬廣的海洋。

A 真的。為了承受水壓，人只能待在直徑兩公尺的球狀物中。在長達八小時左右的航行裡，基本上只能發揮「憋功」。

在這裡堆沙堡好了。
你不是來游泳的嗎!?
快到海裡去！
有大海浪！
這裡的水很淺，所以沒關係啦！
※前進
朝著岸邊向前游吧！
ボチャ
ボチャ
這裡有個深坑，我快沉下去了！
真拿你沒辦法，只好讓你戴著游泳圈了。
我會怕嘛～
哆啦A夢，你也吃心想事成錠，跟我一起游嘛～

海底迷宮探測號Q&A

Q 大王具足蟲是很有名的深海生物，牠與鼠婦是親戚。這是真的嗎？

A 真的。雖然兩者的棲息場所不同，一個在海中，一個在陸地，但都是等足目的生物。

我們到海裡面去吧！
海水越來越深了。
哇啊……你、你們……
有人魚耶！
那不是人魚，是金魚啦！

哈哈哈，我有那麼可愛嗎？
話說回來，還真是不可思議。
海裡竟然有凸眼金魚。
有各式各樣的魚耶！
還有章魚。
?
?
?
心想事成錠還真有效。

海底迷宮探測號Q&A

Q 全日本唯一一間培育潛水技術員的高中位於岩手縣。這是真的嗎？

A 假的。岩手縣的種市高校因成為連續劇拍攝地而聲名大噪，但事實上日本各地都有可考取潛水員執照的水事高中。

好平靜的海喔！
真的是這樣嗎？
這一帶好像快要產生大漩渦的樣子。
為什麼你盡是想一些不好的事啊!?

ドサ
※蹦
心想事成錠的藥效沒了，所以得救了。
你們在這裡做什麼？
只要吃了這個藥錠……
咦？
我要吃。
我也要吃。
哇啊～感覺好舒服喔。
我們也來吃，再繼續游泳吧！

海底迷宮探測號Q&A

Q 潛水艇曾在數千公尺的深海，找到下列哪項意外之物？①陸生動物 ②珍貴寶石 ③塑膠袋

A ③塑膠袋。除了塑膠袋之外，在水深數千公尺的深海裡，還堆積著包括空罐、塑膠製品等各種垃圾。

沒有游泳圈，所以我要在島上休息一下。
真是丟臉！
去游看看嘛！
像這樣專心的擺動手腳……
不論是誰，都能自己游泳……
ゲベ
ゴボ
ガボ
※掙扎
失敗了。
真是敗給你……
讓你使用潛水用具好了。

Q 海裡與陸上的聲音傳導速度何者較快？①海裡 ②陸上

這麼一來就可以安心了。
我找到珍珠貝殼了。
原來是香菸的空盒啊！
這是珊瑚礁。
好吧！我們也來找看看。
那邊有一艘沉船耶！
裡面放著很多裝滿寶物的箱子。
那邊好像出現會吃人的鯊魚了……
你又說一些奇怪的話！
你看吧！

A ①海裡。聲音在水中的傳導速度與距離都遠勝於空氣，因此人類在海裡大多使用聲音聯繫。

※咬
ガブリ
※咕嚕咕嚕咕嚕
ゴボ
ゴボ
ゴボ
グッタリ
※筋疲力盡
你啊…即使是在想像世界中，還是盡想些負面的事情。
我看你還是待在沙灘上曬太陽好了。
我也是這麼想。
那邊有太陽耶！
正面跟背面都要晒到才行。
你怎麼會晒傷成這樣？
好痛喔！
嗚……

ゴボ
ゴボ
ゴボ
グッタリ

人類可以潛至多深的水底？

閉氣潛水的「浮潛」紀錄

人類十分嚮往像魚一樣在水中自由游動的能力，遺憾的是魚有鰓，可吸收水裡的氧氣；人只有肺，必須在陸地上呼吸新鮮空氣。在不用任何裝備的情況下潛入水中，必須先深吸一口氣，讓肺部充滿空氣，以因應在水中運動消耗掉的氧氣。

普通人最多只能潛入五公尺深的海裡，不過，只要好好訓練，就能延長潛水時間與深度。有些漁夫可以閉氣將近五分鐘，或潛入超過三十公尺深的海裡。此外，在極限運動的「閉氣潛水」項目裡，甚至還有隨著適當負重的下沉器下潛，再抓著氣囊浮出水面的比賽方式。此種競賽的世界紀錄為水深兩百一十四公尺。

話說回來，利用積存在肺部裡的空氣，不可能長時間潛入水底，因此人類想出背著裝滿空氣的高壓氣瓶潛水的「水肺潛水」。這個方法能使人在水中照常呼吸，長時間待在更深的海底進行各種活動。不過，是否只要維持呼吸，人類就能隨心所欲的潛入深海？其實不然，除了呼吸之外，人還要面臨「水壓」的問題。

人類閉氣潛水的最高紀錄
學校游泳池水深 1.2 ～ 1.5 公尺
「閉氣潛水」的下潛深度 5 公尺
水深 30 公尺
使用蛙鞋的自由潛水 128 公尺
使用下沉器的自由潛水 214 公尺

插圖／佐藤諭

有了氧氣瓶就能潛入深海，不過，需面臨另一個問題……

使用高壓氣瓶潛水時，人必須在承受水壓的狀態下呼吸。此時高壓氣瓶裡含有的氮氣很容易被血液吸收，讓人陷入酒醉狀態，稱為「氮麻醉」。情形嚴重時，會讓人忘記自己身處海中，相當危險。

不僅如此，潛水不當，還有可能引發「減壓症」。當人浮出水面時，水壓急速下降，血液裡的氮氣就會形成氣泡，傷害人體組織，引發後遺症。

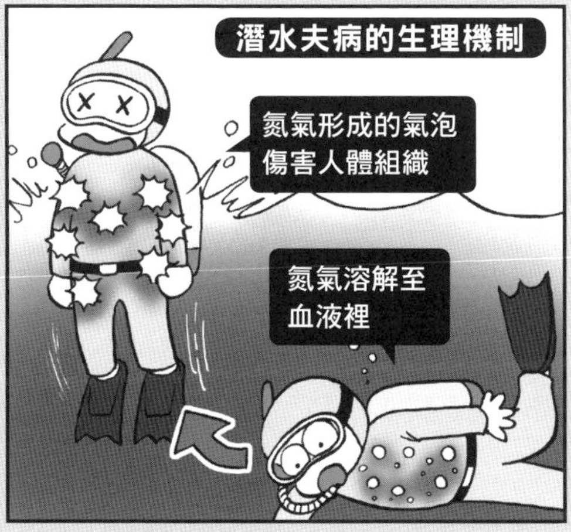
潛水夫病的生理機制
氮氣形成的氣泡傷害人體組織
氮氣溶解至血液裡

插圖／佐藤諭

越深的海底水壓越大

話說回來，「水壓」究竟是什麼樣的力量？水深越深，水壓就會越大，每十公尺增加「一氣壓」，一氣壓相當於「以一公斤的力量按壓一平方公分面積的力量」。水深十公尺為一氣壓，水深一百公尺則為十氣壓，依此類推。當人潛入越深的海底，水壓就會越大。

科學家曾經做過一個實驗，了解「人類可以承受多大的水壓」，結果發現人類最大可以承受相當於水深七百公尺左右的水壓。簡單來說，就是「在小指頭指尖放上七十公斤左右的重物」。

下方插圖是以保麗龍杯麵容器為實驗對象的示意圖，由此可見水壓的威力。

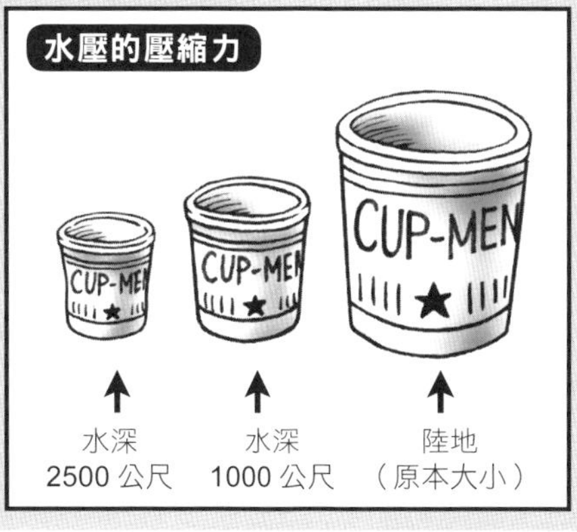
水壓的壓縮力
CUP-MEN
水深
2500 公尺
水深
1000 公尺
陸地
（原本大小）

插圖／佐藤諭

在海中如何溝通？

插圖／佐藤諭

電波無法在海中傳遞

人類利用電波傳送電視與廣播訊號，再利用接收器接收訊號，透過智慧型手機對話，藉由電子郵件傳遞訊息。這些在陸地上稀鬆平常的事情，在水中卻完全行不通。電波可以暢行無阻的在大氣中傳遞各種訊息，在水裡卻成為無用的廢物。

在此介紹一個簡單的實驗，將打開電源的收音機放入防水袋中，接著沉入水底，結果發現雖然可以接收調幅訊號，卻完全無法接收調頻訊號。這個現象代表頻率越高的電波越難在水中傳遞。換句話說，調頻訊號一旦進入水中便逐漸減弱，無法傳到收音機的天線。

聲音在水中比在空氣中更容易傳遞

在海底世界，「音波」是比電波更有用的通訊方式。音波在水中比在空氣中更容易傳遞，這是它原有的特性。只要環境條件適合，音波可以在海中繞行地球半周。

不過，利用音波傳遞訊息有其缺點。首先，音波傳遞速度較慢；相較於電波每秒可前進三十萬公里左右，音波在水中每秒只能前進約一點五公里。此外，大海還有波浪與吹過海面的風，加上各種海中生物製造的「雜音」。不過，音波可以克服這些缺點，成功在水中傳遞訊息。

人類運用音波的方式包括潛水艇的海中通訊、測量海底距離等，事實上，有些生物也會運用音波進行溝通。

插圖／加藤貴夫

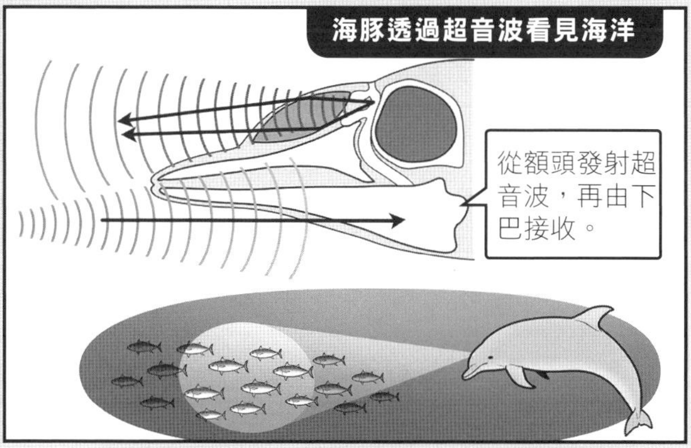

海豚透過超音波看見海洋
從額頭發射超音波，再由下巴接收。

舉例來說，海豚利用音波與夥伴對話、尋找食物。海豚會從位於額頭下方的發聲器發出人類聽不見的高頻「超音波」，再由下巴下頜骨附近接收反彈回來的超音波，藉此測量周遭物體的大小、距離以及方向。對海豚來說，音波就像是照亮四周的燈光。科學家們還做了另外一個實驗，證實海豚可以找到距離一百公尺以上的小型金屬球，還能辨別放在盒子裡的物體形狀。

人類也積極應用海豚的「回聲定位」能力，發展相關技術，包括漁船上設置的魚群探測器，以及醫界用來診斷體內狀態的超音波掃瞄儀器，就是最好的例子。

特別專欄

人類如何探測海洋深度？

海洋與陸地不同，人類無法用肉眼看見海底有多深。過去人類利用繩子吊掛鉛錘，從船上垂放。等鉛錘觸地後，再從繩子的長度判斷海底深度。科學家便是以這個方式在不同地方進行探測，了解海底地形。

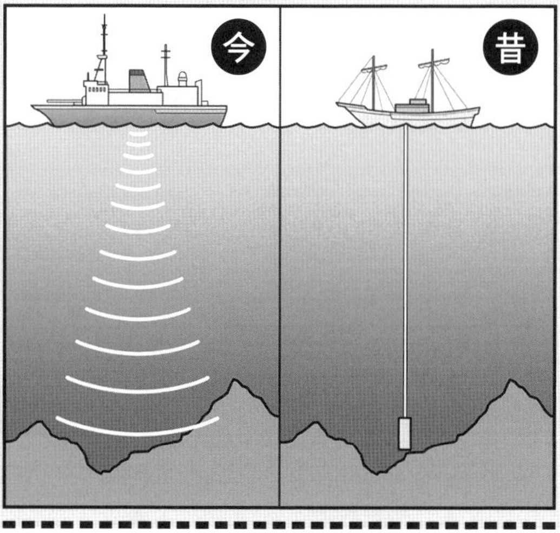

今
昔

現代人類利用音波探測海底深度，就像聲音碰到高山產生「回音」，船隻發出音波後，記錄其碰到海底反彈回來的時間，藉此計算出海底有多深。隨著科技日新月異，如今人類已經能從各個方向發出音波，利用電腦計算處理，一次就能大規模測量海底地形。

插圖／加藤貴夫

大冰山小住家

冰涼的刨冰真好吃！
夏天還是這個最棒！
再去弄一碗來吃吧。
還沒結冰耶。
似乎要等上好一陣子。
好熱、好熱啊！再不吃刨冰，會熱死人的！

Q 覆蓋南極大陸的冰層有多厚？①三十公尺 ②三百公尺 ③三千公尺

啊，對了!!
我們去冰山就能吃個過癮了。
在哪？在哪？
馬上出發吧！
等一下……你該不會是指南極的冰山吧？
不行!!南極現在可是冬天，會凍死人的！
即使不去南極也有冰山喔。
在七月初的報紙上，有個很有趣的報導喔。
「巨大流冰」？
那塊流冰從去年的一月開始，從南極的海岸往北方漂流……長八十三公里、寬三十五公里，高度有三十公尺。比神奈川縣還大喔。
現在，那塊冰山應該已經飄到大西洋了。
大西洋
冰山
巴西
阿根廷
智利
南興克尼群島
英屬南喬治亞島
英屬南桑威奇群島
南極半島
南極大陸
過去吃刨冰吧！

A ③三千公尺。日本位於南極的研究基地「富士冰穹」在三千零三十五公尺處挖到冰核，據推測最深處的冰已存在超過七十二萬年。

哇！好大喔！
這樣子怎麼吃都吃不完呢！
來做刨冰吧！

※喳喳喳

※鏘鏘

這裡真涼快呢！
地方寬敞，視野也很棒。
如果在這裡唸書的話，應該會很有效率吧…
唸書？
我看是睡午覺吧！
別生氣啦，我幫你完成願望吧!!
那就蓋個午覺……喔不，是弄個書房吧！
「冰雕工藝組」。
你看，這樣就能把冰融解了。
這樣就能在冰山裡做出房間。
也讓我試試吧！

※融化

海底迷宮探測號Q&A

Q 南極大陸的冰床下有一座冰床融解形成的湖。這是真的嗎？

A 真的。最大的冰下湖是沃斯托克湖，面積為日本琵琶湖的二十倍大。

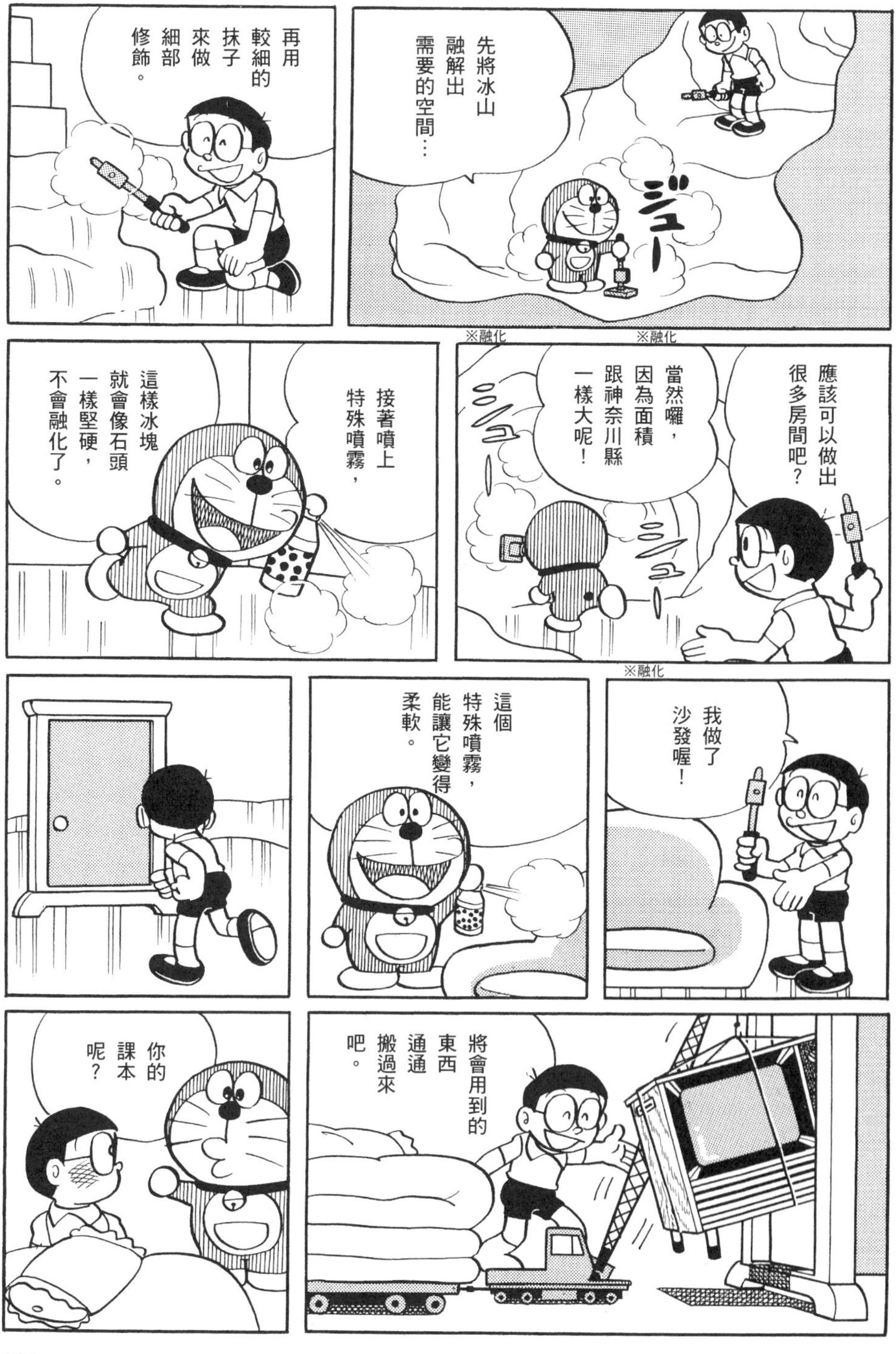
先將冰山融解出需要的空間…
ジュー
※融化
再用較細的抹子來做細部修飾。
※融化
應該可以做出很多房間吧？
當然囉，因為面積跟神奈川縣一樣大呢！
シュ
シュ
接著噴上特殊噴霧，
這樣冰塊就會像石頭一樣堅硬，不會融化了。
※融化
我做了沙發喔！
這個特殊噴霧，能讓它變得柔軟。
將會用到的東西通通搬過來吧。
你的課本呢？

變得好豪華！
雖然在冰中，但意外的很溫暖呢！
可以安靜的睡午覺了。
喂，不用唸書嗎？
還能到冰山的最下層呢！

Q 日本也有浮冰。這是真的嗎？

A 真的。鄂霍次克海北部的浮冰會流到北海道東北方的鄂霍次克海沿岸。

像這樣享受透過冰層照射進來的柔和陽光……
平靜的波浪聲……
真是天國啊。
只有我們享受太可惜了。
到空地去吧！
哇……好熱啊。
各位，我來提供你們一個既清涼，又寬敞的遊戲場所吧！

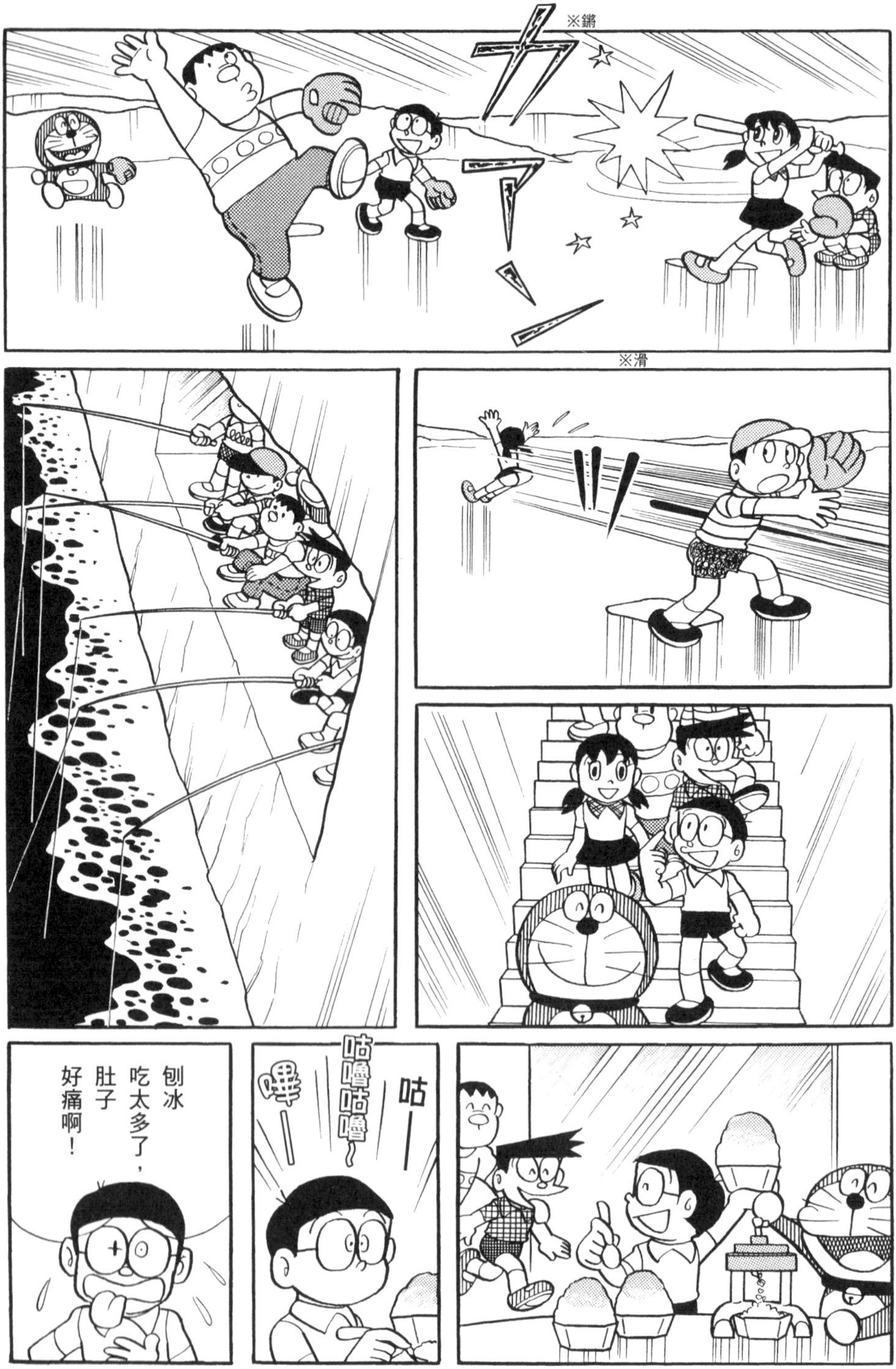
※鏘
※滑
咕——
咕嚕咕嚕~
嗶——
刨冰吃太多了，肚子好痛啊！

Q 冰山的冰其實是鹹的。這是真的嗎？

A 假的。鹹海水結冰後，成分只剩下水，幾乎不含鹽分。

哇啊！快忍不住了!!
我要去廁所！
ビュー
※甩門
バタン
※碰
熱水澡好舒服。
？
這門是幹什麼的？
哇啊！這是什麼地方啊！
哈啾！
哈啾！

好熱、好熱啊！再不吃刨冰，會熱死人的！

沒有海的行星會發生哪些氣候現象？

太陽系的行星當中，水星、金星、地球、火星等四顆是擁有固體表面的類地行星，而且這四顆類地行星都有厚薄各異的大氣存在，與地球不同的是，地球是唯一有海洋的行星。金星與火星分別在地球內側與外側繞行，這兩顆行星的環境又是如何？

金星的大氣約為地球的九十三倍，成分約有百分之九十七為二氧化碳。大量的二氧化碳引發溫室效應，地表氣溫高達攝氏四百度以上。科學家發現，金星過去很可能有海，後來海水蒸發流失，只剩下一點水形成雲。金星有雲，會下雨。不過，雨的成分是硫酸，還沒降至地面便蒸發殆盡，再次變成雲。簡單來說，金星是一個天空灰濛、永遠炙熱的酷暑環境。

火星的大氣遠比地球薄，百分之九十五左右是由二氧化碳構成。火星雖然也曾經有海，但其重量只有地球的一半，沒有足夠的重力留住水與大氣，使得水分蒸發至外太空。火星的環境寒冷而乾燥，現在只有微量的水形成凍土殘留在地表。乾燥的火星經常發生大型沙塵暴，最大規模甚至能覆蓋整顆星球。

◀金星表面覆蓋著厚厚雲層。

© Dmitry Bodrov/Shutterstock.com

◀火星發生的塵捲風。

影像提供／ NASA/JPL-Caltech/UA

◀火星的地表是一片廣闊的乾燥大地。

影像提供／ NASA

大氣與海洋的全面性相互作用

從外太空看地球的最大特色，就是表面覆蓋著七成左右的液態水，亦即海洋。恆星（太陽）的能量在地球上創造出存在著液態水的適居帶，地球就是太陽系中適合生命存在的行星。

整個地球每年會降下四十九京六千兆公升的雨量，其中有三十九京公升降在海面上。如果持續降雨而未調節，大海總有一天會滿出來，淹沒整個地球。但這個假設並沒有發生，因為雨水也來自於大海。

海水受到太陽的照射而蒸發，形成水蒸氣溶入大氣裡，在高空冷卻後形成雲。大海每年都會蒸發四十三京公升的海水，蒸發量比降在大海的雨量還要多，不免令人擔心這樣下去大海會不會全部消失。幸好降在陸地上的雨水匯集成河川，再流回大海，補回四京公升的水。如此一來，注入海洋的水量與蒸發至空氣中的水量正好抵銷，維持平衡狀態。

海水蒸發變成雲的過程會產生上升氣流，第一〇二頁起解說的大氣循環與洋流，也是海洋驅動大氣、大氣驅動海洋的相互作用之一。

水分蒸發會產生汽化熱，達到降低氣溫的作用。科學家認為，若沒有汽化熱降低氣溫，地球的平均氣溫將高達攝氏六十七度。海洋與大氣的相互作用成功維持穩定的地球環境，保持平均氣溫攝氏十五度的現況。

從地球這顆行星的整體質量來看，即使海洋是如此廣大，也只占百分之零點零二而已。大氣與海洋大幅度循環使用有限的水資源，維持適合生命生存的地球環境。

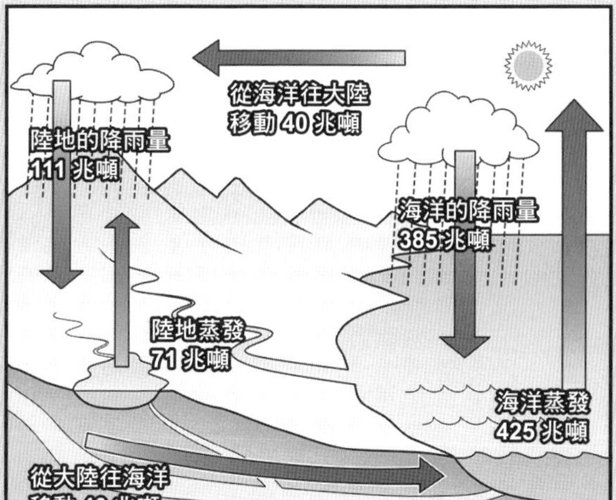

從海洋往大陸
移動 40 兆噸
陸地的降雨量
111 兆噸
海洋的降雨量
385 兆噸
陸地蒸發
71 兆噸
海洋蒸發
425 兆噸
從大陸往海洋
移動 40 兆噸

◀大氣與海洋之間的物質循環不止。

插圖／加藤貴夫

ENSO、IOD、MJO究竟是什麼？

即使沒聽過ENSO，各位應該也聽過聖嬰現象吧。ENSO是厄爾尼諾（聖嬰）—南方振盪現象（El Niño-Southern Oscillation）的簡稱，太平洋東方赤道附近的海水溫度比往年高出幾度，即為聖嬰現象。於此同時，太平洋東方的高氣壓減弱，西方的低氣壓就會增強，這就是南方振盪。

IOD是指發生於印度洋赤道一帶的印度洋偶極振盪（Indian Ocean Dipole）。當印度洋東邊的海水溫度較低、西邊的海水溫度較高，海水溫度就會發生連鎖效應，改變氣壓。出現IOD現象時，印度洋東邊容易乾旱，西邊的非洲則會降下大雨，很可能引發洪水。

MJO則是馬登—朱利安振盪（Madden Julian Oscillation，又稱赤道季內振盪）的簡稱，指的是赤道附近降雨量多與降雨量少成對比的兩個區域，以三十至六十日為週期，緩慢向東移動的現象。科學家認為，MJO與颱風生成、聖嬰現象的發生和結束息息相關，目前正在積極研究中。

相隔幾千公里的地域氣象和海洋現象相互的牽動、變化，稱為「遠距互動」。雖說現代氣象預報十分先進，但地球的大氣和海洋關係錯綜複雜，即使使用最新的超級電腦，仍無法精準計算。

主要的遠距互動

名稱	簡稱	發生地點
厄爾尼諾－南方振盪現象	ENSO	祕魯沿海
印度洋偶極振盪	IOD	印度洋赤道一帶
馬登－朱利安振盪	MJO	赤道
北極振盪	AO	北極
南極振盪	AAO	南極
太平洋－日本型態	PJ	赤道～日本

海洋與大氣變化改變了一天的長度

一天有二十四小時，這是所有人都知道的常識。不過，若精密計算一天的長度，就會發現每天的長度都不一樣，出現微妙差距。對一般人而言，這個時間差距並不明顯，最長的日子與最短的日子相差不過零點零零三秒。綜觀一整年，夏天的日子最短，冬天的日子較長。

大氣與海洋的相互作用讓一天的長度產生不同的變化，夏季季風從陸地吹向海洋，冬季季風從海洋吹向陸地。儘管各地風向不同，但以地球整體來看，由西往東吹的風會在冬季變強、夏季變弱。

插圖／佐藤諭

▲每天的長度都不一樣？

※滴答滴答滴答……

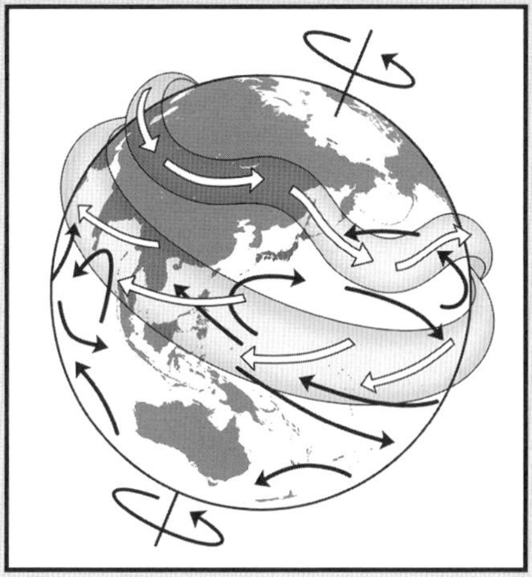

▲大氣與海洋之間的物質循環不止。

插圖／加藤貴夫

地球自轉所需要耗費的能量，包括大氣、海洋與行星本身加總起來皆是固定的。當冬季季風增強時，大氣與海洋耗費在自轉方向的能量增加，行星本身的自轉力道就會減少。換句話說，自轉速度變慢時，一天的時間就會變長。相反的，當季風減弱，大氣與海洋的自轉能量變少，行星本身的自轉力道增加，自轉速度就會變快，於是一天的時間也就變短了。

以長遠的眼光來看，地球自轉的速度正在逐漸變慢。出現潮汐變化（請參閱第一〇六頁）時，海水與海底之間的摩擦使得能量慢慢的流失。以十九世紀的平均速度與現在相比較，地球自轉速度變慢了零點零零二秒。科學家預估，一億八千年後地球自轉速度將變成一天二十五小時。

哇……
好熱啊。

地球暖化與海洋變化

地球暖化帶來的海洋變化

插圖／加藤貴夫

▲水在4℃的時候體積最小，加熱之後體積就會慢慢膨脹。

▲沉在水裡或浮在水面的冰塊融化後，不會改變水的體積。

隨著地球暖化日益嚴重，平均氣溫逐年攀升，海水溫度也慢慢變高。海水溫度變高，海平面就會上升，海拔較低的地區很可能被海水淹沒。水溫上升導致海水膨脹，引發海平面上升的結果。海水的膨脹率為每攝氏一度膨脹百分之零點零一，若將水裝在一瓶一千毫升的牛奶瓶裡，水溫上升攝氏一度，體積只會膨脹零點一毫升。不過，整個地球的海水總計共有十三垓七千京公升，會膨脹的只有溫度容易升高、深度約兩百公尺的表層海水。即使如此，影響還是很大。

或許有人擔心要是海水溫度一直飆升，海平面就會不斷上升，但這件事的可能性相當低。一旦海水溫度超過攝氏三十二度，海水蒸發量就會增加，引發汽化熱避免氣溫升高。導致海水蒸發的太陽能與汽化熱互相牽制，避免海水溫度超越攝氏三十五度。

特別專欄

熱能儲存在深海？

明明大氣中的二氧化碳等溫室效應氣體逐漸攀升，地球氣溫上升的速度卻比科學家們預測的還要緩慢。這些熱能究竟到哪裡去了？

一般認為最有可能的是被儲存在深海裡。從冰島沿海下沉的深海環流將熱能帶到水深超過三百公尺處的深層海水，並將熱能儲存在該處，暫時控制住地球暖化的影響。

颱風帶來的太陽能量

夏季期間，赤道偏北一帶照射到最多陽光，海水溫度偏高。這股熱能會生成積雨雲，掀起低壓漩渦，形成熱帶低氣壓。風速超過每秒十七點二公尺的熱帶低氣壓即為颱風。海水溫度超過攝氏二十六度的海域很容易發展出颱風，接著受到地球自轉與風力影響改變行進方向，持續往北走。換句話說，颱風一路吸收赤道附近的熱能，往北行進。

儘管颱風帶來的豪雨可能導致災害，但它也是為陸地補充水資源的一大功臣。日本曾經有過因缺水而乾涸的水庫，在颱風登陸後，短短一天即達到蓄水率滿載的紀錄。

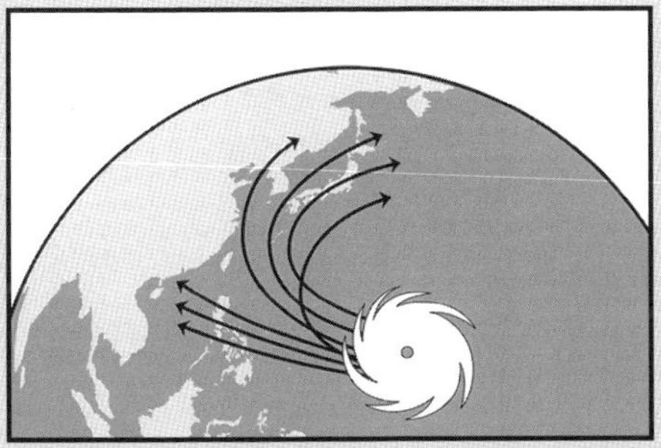

▲ 颱風形成後，受到吹拂整個地球的風以及高氣壓影響，會持續調整其行進方向。

插圖／加藤貴夫

未來形成超級颱風的機率越來越高？

根據最新的模擬結果顯示，隨著地球暖化日益嚴重，颱風形成的數量可能越來越少。一般人都以為海水溫度上升，颱風就會變多，其實不然。受到地球暖化影響，熱帶地區的大氣循環減弱，難以形成積雨雲，自然無法發展成颱風。不過，一旦形成颱風，雲層就會大量吸收因地球暖化增加的水氣，更容易發展成強烈颱風。其實現在已經出現過不少威力強勁的強烈颱風，但只要地球持續暖化，未來很有可能會出現前所未見、極端猛烈的超級颱風。風速超過每秒七十公尺左右的颱風稱為「超級強烈颱風」，氣象專家認為未來可能出現的極端颱風，風速將有可能超過九十公尺。

影像提供／ESA/NASA/Samantha Cristoforetti

水窪裡的象魚

我叔叔的別墅後面有一條溪流喔。
隨隨便便就可以釣到一大串魚。
當然囉，釣的人技術也是一流啦。
哼。
好像很好玩。
好想去喔。
哼。
明天是星期日，我帶你們去吧！
真的嗎!?
看吧，又來了。

Q 一公升海水含有多少公克的鹽？①三十五公克②七十公克③一百四十公克

只能帶兩個人去對吧？反正我一定是被排除在外的那一個吧？
你真有自知之明耶。
每次都這樣。
沒關係，你們這樣欺負人，一定有人…
有人會……
有人會懲罰小夫的。
靜香，我會帶妳去的。
不用了。
咦？靜香也不去嗎？
為什麼？
我討厭欺負別人的人。
靜香…
對了！我們叫哆啦A夢帶我們去吧！
叫他拿出各種道具，然後釣一大堆肥美的魚。

A ① 三十五公克。世界各地的海水鹽分約在百分之三點五左右，換算之後，一公升海水等於含有三十五公克的鹽。

大雄。
能讓我加入嗎？
可以啊……
什麼？連胖虎也不去!?
我討厭欺負別人的人!!
什麼嘛，我都特地要帶你們去了耶!!
你突然這樣要求，我很傷腦筋!!
我已經和附近的貓咪們約好要開派對了。
可是我跟大家說好了，怎麼辦？
大雄。
我們出發吧。

現在已經無法拒絕了啦。
真是的。
那借你備用的「四次元口袋」，別亂用喔。
什麼!?哆啦A夢不能去!?
不是約好了嗎？
哎呀…反正有口袋就行了。
拿出「任意門」……
「任意窗」……
咦？
呵呵…我還不太熟悉…
這個跟「任意門」很像啦。
到小夫的釣魚場去！
真的沒問題嗎？
太棒了!!

Q 將食鹽溶入自來水中就是海水。這是真的嗎？

A 假的。海水成分不只是鹽，還有許多其他的成分。

你們看，我們不是到了嗎？
又不是到了河邊就釣得到魚。
大雄這傢伙靠得住嗎？
就讓我看看你有多少本事吧！
居然說那種話。
看我拿出竿子、線和勾。

我要到那邊去。
只是不小心拿錯而已嘛!!
靜香妳不會過去吧？
我一定會讓妳釣到大魚的。
小夫。
一起釣吧！
別墅裡有好幾根釣竿喔。
「釣魚幫手」。
這個道具會自己找魚……
追到魚後再抓上來給我們。
咦…他好像拿出道具來了。
大雄不管拿什麼出來，都不會順利的啦。

Q 在市面上可以買到海水素，自行調配人工海水。這是真的嗎？

A

真的。為了飼養魚類，有廠商推出成分與海水幾乎一致的海水素。

根本釣不到魚嘛。
之前都釣得到啊……
今天就釣不到啊！
一點都不好玩！
都是因為他們用了奇怪的釣鉤，魚才會跑掉的!!
真是蠻橫不講理耶。
算了，我們去找更棒的釣魚地點。
如果妳想過去小夫那邊也沒關係喔。
我不想去。
我們來釣一條大魚吧，不要輸給小夫他們。
最少也要一公尺以上。

有水池耶。這裡一定能釣到魚的。
開始釣吧!!我要釣一條兩公尺的大魚。
怎麼可能有那麼大的魚啊。
※心情煩躁
イラ
イラ…
イラ
胖虎，我們去嘲笑大雄，解解悶吧！
……好奇怪喔。
靜香，我沒騙妳，它真的可以馬上釣到魚的。
因為「釣魚幫手」會自己找魚啊……

海底迷宮探測號Q&A

Q 世界上有比海還鹹的湖。這是真的嗎？

A 真的。地球上鹽分最高的湖是位於阿拉伯半島的死海，鹽分濃度將近海水的十倍。

不能急，釣魚得耐住性子，慢慢來才行。
我做了飯糰，要吃嗎？
那我就不客氣了。
我最喜歡鱈魚卵了。
啊，鱈魚卵掉了。
哈哈哈哈，大雄好笨啊。
那個才不是水池呢。那是昨晚下大雨積成的水窪。
就算等一百年也釣不到魚的。
哇哈哈哈……
對不起……害妳丟臉了……
沒關係啦，也不一定非釣魚不可，只要想成是來郊遊的就好啦。

要不要一起到那邊散步？
我等一下再去。
靜香為了不讓我難過而努力安慰我……
她真是體貼。
這樣我更要釣一條大魚給她才行!!
就算沒有魚也要釣!!
拿出有用的道具……
「海水精華」。
海水の
只要把這個加入河水或湖水，就能變成海水。
一點幫助也沒有。
再找找其他的道具。
「時光布」。
時光布能抓魚嗎!?
「成長促進燈」，
能讓生物快速成長。

海底迷宮探測號Q&A

Q 每次去海邊聞到的海風味道就是海水的味道。這是真的嗎？

A 假的。海風的味道是由海藻、浮游生物構成，海水本身沒有味道。

連口袋都把我當傻瓜!!
沒有哆啦A夢果然還是不行……
ピクピク
※跳動
ピクン
ピク
※跳動
為什麼會這樣……
原來如此，我懂了!!
鱈魚卵
把「海水精華」倒入水裡，
再把幼魚丟進去……
快點變成大鱈魚吧。

到底要等幾年才釣得到啊？
我們再去嘲笑大雄解悶吧！
又要去啊？
不知道那傢伙在水窪前的臉會有多白痴。
光是想像就令人想笑。
哇～又釣到了耶。
什麼？
哇——好大一條喔!!
怎、怎……怎麼可能會……會……會有這種事!!
只是普通水窪嗎？

Q
日本沙灘多為黑色沙子，這是因為海洋受到汙染。這是真的嗎？

A 假的。由於日本有許多火山，火山活動形成許多黑色沙子，這才是真正的原因。

夠了！要是你覺得大雄那邊比較好，就快去啊！
你在說什麼蠢話啊？
我現在能向大雄低頭嗎？
我還有身為男人的尊嚴!!
你的釣魚場不是可以釣到一大堆魚嗎？是你說釣得到魚的！
要是釣不到的話……
你就沒命了。
大豐收。差不多都被我釣上來了吧。
糟了!!
應該留幾隻給靜香釣才對。
反正先讓她看看吧。
靜香～
※咻
ヒュウ

※飄
騙人。
是真的！
我釣到堆積如山的魚喔。
咦……
鱈魚堆呢？
我沒有騙妳啦，我剛剛真的釣了好幾十條大鱈魚……
是嗎？那真是太好了。
我和松鼠成為好朋友了。
……啊。
難道是……
果然又變回鱈魚卵了！
我真是沒用的男人啊……
靜香好不容易才答應跟我一起來的，
結果我卻不能為她做些什麼…

海底迷宮探測號Q&A

Q 沙灘上發現的星砂是流星掉在海裡後，漂流至岸邊而成的。這是真的嗎？

A 假的。星砂是一種棲息在海底的有孔蟲，其外殼化石堆積在沙灘上便成為像星星的砂狀海洋堆積物。

情況如何？
我有點擔心，所以就過來看看了。
哆啦A夢!!
我懂，真是辛苦你了。
乖乖。
我想讓靜香釣條大魚，最少也要有三公尺。
大魚啊？
看我的。
「空間轉換機」。
把亞馬遜河的一部分，
換到這裡來。
亞馬遜河裡面有什麼？
象魚。
是全世界的淡水魚種最大的魚喔。

身長長達五公尺，體重重達二百公斤喔。
我一定要釣給他們看。
讓小夫他們大吃一驚！
※拉
上鉤了！
グッ
※喀滋喀滋
這是什麼？
食人魚!!
趕快丟掉!!
ガチ ガチ
※噗通
哇…聚集好多過來耶。
因為這是亞馬遜河嘛。
要是掉到裡面，馬上就會被吃得只剩骨頭。

海底迷宮探測號Q&A

Q

一公升海水中約存在著十億個生命。這是真的嗎？

※晃動
※晃動
這又是什麼啊？
照這種反應看來…
一定是……
「釣魚幫手」找到魚了！
可是太大了，在試探到底要抓哪裡好!!
我去叫靜香過來!!
快點!!
我的忍耐已經到達極限了。
好可怕……
你們在做什麼啊？
看不就知道了嗎？在釣魚啦!!
現在釣不到魚啦。昨晚下了一場大雨，水量大增，又變得混濁，魚都不見了。

真的。加上存活在海底的浮游生物與眼睛看不見的細菌，總數可達到十億個。

居然讓我白費力氣!!
你這臭傢伙!!
下大雨又不是我的錯。
最叫人氣不過的是在水窪還能釣到鱈魚的大雄!!
絕對饒不了他!!
去揍他!!
※拉走
真的有大魚嗎？
馬上就會上鉤了。
好大喔!!
ズルズル
※咻咻
不能認輸!!

海底迷宮探測號Q&A

Q 全世界海洋裡的浮游生物共有幾種？①一萬種 ②十萬種 ③十五萬種

A
③十五萬種。根據最新的研究調查，海洋裡的浮游生物比過去想像中高出十倍以上，多達十五萬種。

是象魚耶!!
ザバー
哇!
※嘩啦
怪物啊!!
ドタッ
※咚咚

※咚咚 ※啪嗒

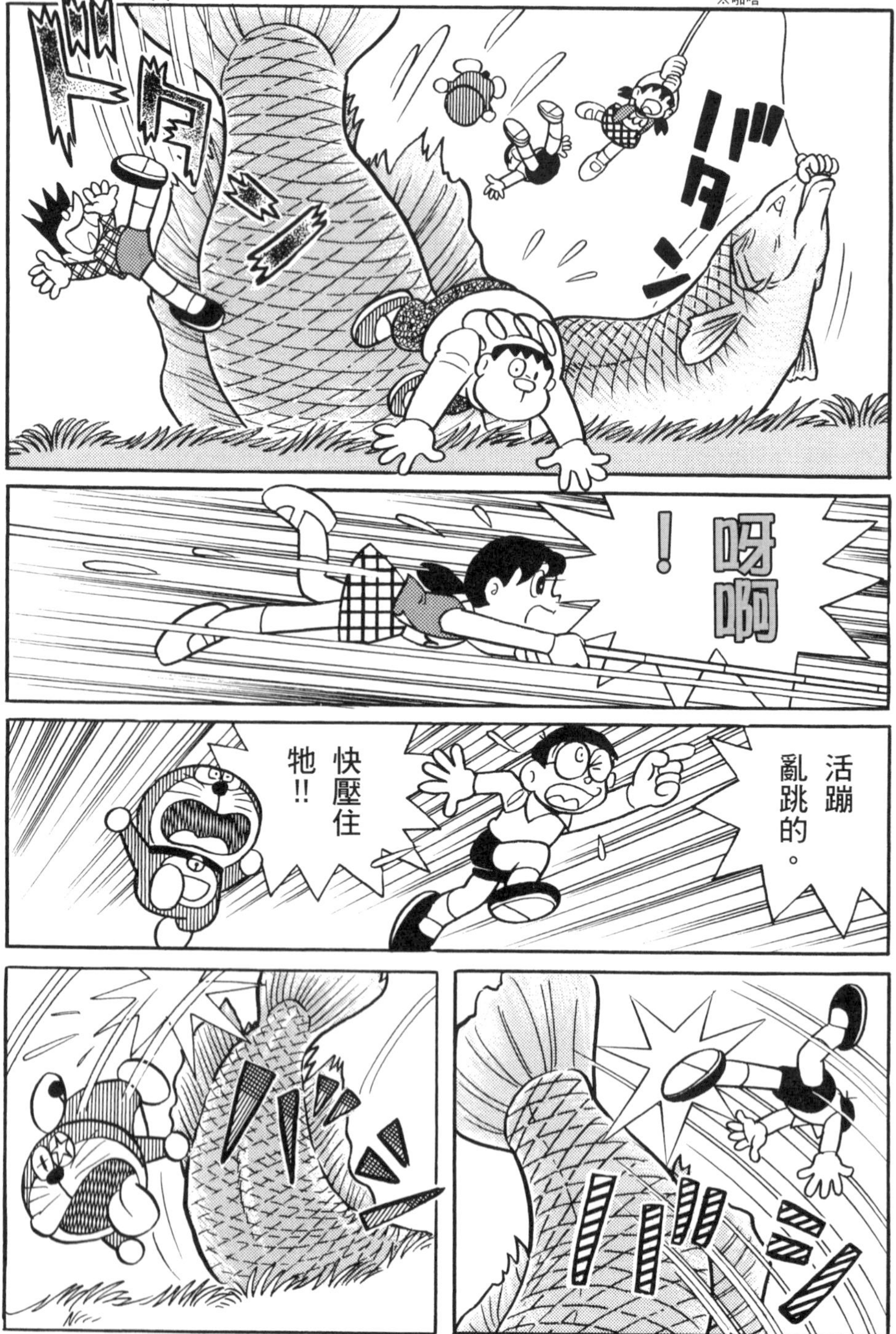
バタン
ドカッ
呀啊！
活蹦亂跳的。
快壓住牠!!

※碰 ※碰

海底迷宮探測號Q&A

Q 具防水功能的行動電話也能在海水裡打電話。這是真的嗎？

A 假的。雖然也會受到水深影響，但基本上電波無法在海中傳遞，無法使用行動電話通話。

討厭~快停下來!!
靜香！放手啊!!
※嘩啦
啊~掉到食人魚池裡去了!!
靜香!!

明明不會游泳還跳進去。
食人魚呢？
什麼都沒有啊。
那麼就是…「空間轉換機」……
被弄壞了，所以才會變回原來的水窪!!
結果一條魚也沒釣到。
真的好好玩喔。
我還是第一次遇到這麼驚險刺激的事呢。
這樣就好。

海底迷宮探測號Q&A

Q 海水可通電，當雷打在海上，海中生物都會受到雷擊。這是真的嗎？

A 假的。雷打在海上只會在海面擴散，不會影響海中生物。

小夫他們應該釣到很多魚吧。
嗚……
咦？你們為什麼會在這裡……
早知道跟著大雄，就可以釣到鱈魚跟象魚了……
我叫你過去，是你自己不過去的耶!!
算了啦。

「海水精華」。

不只是鹹而已！海水是資源的寶庫

海水含有各種物質超乎人類想像

大家都知道海水含有鹽分，海水的鹹味成分與料理時使用的食鹽一樣，都是氯化鈉。而海水的鹽分濃度受到海域和水深的影響，各處略有不同，但平均約為百分之三點五。

插圖／佐藤諭

GOLD

日本人自古就從海裡萃取海水成分使用，用來凝固豆漿、做成豆腐的「鹽滷」便是最好的例子。鹽滷是煮乾海水並去除氯化鈉的成品，主成分為氯化鎂。海水的主要物質有八種，包括氯、鈉、硫酸、鎂、鈣、鉀、重碳酸、溴等，總含量為百分之九十九。剩下的百分之一是八十三種微量元素，例如電池所使用的鋰和強力磁鐵使用的釹等珍貴的稀有金屬、稀土金屬，還有金、白金等貴金屬。

特別專欄

海水可以萃取出黃金，這是真的嗎？

海水確實含有黃金成分，但含量極少，1 公升海水僅有 0.02 奈克。不過，海水總共有 13 垓 7000 京公升，因此從總量來看，溶於海水的金量約有 3 萬噸。以黃金價格每公克約台幣 1360 元來計算，3 萬噸的黃金價值高達台幣 13 億 6000 萬元，十分驚人！

儘管從海水萃取黃金的技術難度不高，想要一夕致富並非癡心妄想，不過，萃取黃金所需的物質與能源等成本，比黃金價格更高，從海水中萃取黃金可以說是一門賠本生意。

海水含有的各種物質

主要元素

元素	元素記號	1 公升濃度	全海洋總量
氯	Cl	9.4g	2 京 7000 兆噸
鈉	Na	10.8g	1 京 5000 兆噸
鎂	Mg	1.3g	1800 兆噸
硫磺	S	0.9g	1300 兆噸
鈣	Ca	0.41g	570 兆噸
鉀	K	0.40g	550 兆噸
溴	Br	0.07g	94 兆噸
碳	C	0.03g	39 兆噸

貴金屬

元素	元素記號	1 公升濃度	全海洋總量
銀	Ag	2ng	300 萬噸
金	Au	0.02ng	3 萬噸
白金	Pt	0.05ng	5 萬噸

稀有金屬、稀土金屬

元素	元素記號	1 公升濃度	全海洋總量
鋰	Li	180000ng	2500 億噸
鎳	Ni	500ng	7 億噸
釔	Y	27ng	4000 萬噸
釹	Nd	3ng	400 萬噸
鎵	Ga	2ng	200 萬噸
鈰	Ce	1ng	100 萬噸

（引用自日本理科年表第 89 冊）

海水成分與生物體液十分類似

包括人類在內，陸地生物體內主要物質的含量，由多到少依序為氫、氧、碳、鈉、氮、鈣、磷、硫磺、鉀、氯等，這些成分與海水相同。氧、矽、鋁、鐵、鈣、鈉、鉀、鎂是大量存在於陸地上的元素，由此可見，生物的身體比較接近海水成分，勝過陸地上的物質。

不過，人體與海水最大的不同在於，人體體內的鹽分含量只有百分之零點九，海水卻有百分之三點五。科學家認為，生物體內的物質反映出三億五千萬年前的海水成分，當時正是生物開始進入陸地棲息的時期。

反觀如今依舊在水中生存的魚類等海洋生物當中，體內成分比較接近現在的海水。

插圖／佐藤諭

只要把這個加入河水或湖水，就能變成海水。

海水裡的鹽分是從地球溶解的？

原始地球的地表覆蓋著一層表面溫度高達攝氏一千三百度左右的岩漿，大約四十五億年前，地球表面的岩漿開始冷卻，降下暴雨。雨水冷卻後表面岩漿形成地殼，當時的地殼遠比現在薄，而且地殼下方還有高溫岩漿，火山持續活動，噴發出各種物質。這些高溫物質溶入水中，形成熱水在地殼上流動，釋出地殼裡含有的鈉等易溶物質。同時，地殼釋出的氯氣飄散在大氣裡，經年累月下，造就了覆蓋整顆地球的原始海洋。

插圖／佐藤諭

※咚～
ドロ～

話說回來，溶入海洋的物質並非一直存在於海中。這些物質會與其他物質產生反應，沉入海底，或是被其他生物吸收，從大海消失。儘管如此，每天都有不少砂石從陸地進入海裡，海底熱泉也持續噴發，為大海帶來源源不絕的各種物質，維持海水成分。

這些物質從溶入海洋到消失的期間稱為滯留期間，滯留期間最長的是鈉，約兩億五千萬年。由於溫鹽環流以兩千年為週期不斷循環，滯留期間每項物質至少循環整片海洋十萬次以上，這也是整片海洋的鹹度幾近相同的原因。

特別專欄

並非只有鹽——鹽的故事

一般來說，鹽就是氯化鈉。在化學界，由酸性和鹼性物質反應出來的新物質就是「鹽」。例如酸性的鹽酸與鹼性的氫氧化鈉可反應出氯化鈉，氯化鈉則可與水反應出「鹽」。海水含有大量礦物質，大多數礦物質都與鹽息息相關。

將大量的二氧化碳封存在海裡

綜觀整個地球，海洋儲藏的碳含量，是大氣的五十到六十倍。每年大海吸收二十億噸左右的二氧化碳，約占人類活動產生的二氧化碳的三分之一。

由於海洋無邊無際，人類曾經以為大海可以毫無限制的吸收二氧化碳，但是事實上並非如此。隨著大氣中二氧化碳的逐漸增加，原本維持弱鹼性的海水也慢慢酸性化，甚至開始影響帶殼的浮游生物外殼的生成。雖然目前的影響還相當輕微，但長久以往下去，未來將不堪設想。

特別專欄

深層海水十分純淨

表層的海水受到太陽的照射而變熱，但水深 500 公尺到 1000 公尺的水溫則急速下降。這類水溫急速變化的海域稱為「斜溫層」。

水溫越低，海水密度越高，水溫較低的海水比表層的海水重。因此深層海水不會與表層海水互相混雜，維持純淨狀態。

另一方面，人類想出將自己製造出來的二氧化碳封存在海裡或海底的解決方案。具體方法是回收人類排出的二氧化碳，透過運輸管或液貨船運送至海底，仿造製作碳酸水的作法，使二氧化碳溶解於深海之中。深海的海水需歷經一千年以上才能湧出海平面，換句話說，人類可以將二氧化碳封存在海底。此外，二氧化碳在陸地上為氣體，但在水壓極高的深海會變成液體。如此一來，可大幅縮小體積，將二氧化碳以液體狀態封存在深海。這就是人類近年來積極研究的「海底儲存」技術。無論採用任何方法都必須慎重考慮對於海洋生態系的影響，不過，這些方法確實對暫時減緩環境變化有極大貢獻。

插圖／佐藤諭

結果一條魚也沒釣到。

氮與磷創造出豐富的海底世界

食物鏈的源頭，亦即浮游生物，是維持海洋生命的關鍵。植物雖然只要行光合作用就能製造養分，但還是有一些必須的營養素需要從外部吸收。

浮游植物最容易缺乏的養分是形成蛋白質的氮，和製造細胞核的磷。這兩種營養成分越充沛，海洋世界的生態就越豐富。

特別專欄

海洋雪究竟是什麼？

海洋生物死後的遺體經微生物分解後產生的微小物質，或微生物組成的碎屑，像雪花一樣不斷飄落、沉積，稱為海洋雪。海洋雪是深海生物重要的營養來源。

◀海洋雪

影像提供／ NOAA Okeanos Explorer Program, MCR Expedition 2011.

有助於混合海水的上升流

在溫鹽環流的最後階段，深層海流會形成上升流，湧至表層。另一方面，往南北美大陸西岸移動的深層海流沿著海底地形往上升，形成沿岸上升流。而赤道附近的表層海水受到洋流擠壓，形成從海底深處往上湧的赤道上升流。上升流可將積存在海底的營養素往表層推，有助於混合不同海域的海水。

特別專欄

浮冰下的海水特別營養

儘管浮冰底下的海洋十分冰冷，不利生物生存，卻意外形成了一個生態豐富的海底世界。

當浮冰底下都是冰，封存在冰塊裡的高濃度冰鹽水便會慢慢釋出，往海底下沉。高濃度冰鹽水往下沉的同時，順勢將原本待在海底的海水往上帶，這些海水含有許多營養成分。由於這個緣故，浮冰底下的海水特別營養。

不要忽視日益嚴重的海洋汙染！

美麗的海洋是生命的搖籃，孕育著無數生物。可是，你知道嗎？人類的各種活動正在看不見的地方逐步汙染著這片生命之海。

大多數汙染進入廣闊的海洋，被稀釋到完全看不見的程度，或是因生物作用與化學反應，順利去除溶解在海中的汙染物。如果只是少量汙染，對遼闊海洋確實不會產生太大影響。

可惜隨著人類活動越來越頻繁，各種技術日新月異，製造出許多大自然無法分解的物質。像是生活中隨處可見的寶特瓶、塑膠袋，或是用尼龍、聚酯纖維製成的線等，這些東西丟入海裡雖然會慢慢變薄、變細，卻無法分解，永遠留在海洋裡。過去三十年科學家在深海魚體內發現人造物質的機率，增加了百分十五以上。

化學物質汙染海洋的情形日益嚴重。日本熊本縣水俁灣曾經在一九五〇年代發生一起嚴重的公害事件，不肖工廠將含有有機汞化合物的廢水排放至海洋裡，在食物鏈的作用下，汙染了所有魚類。該漁村的居民與動物吃下體內含有有機汞化合物的魚，紛紛罹患水俁病。後來水俁灣花了超過二十五年的時間改善水質，終於恢復了乾淨無害的海洋，但漁獲量也從此銳減。

有些海洋汙染來自意外事故，例如船隻在海上發生意外導致漏油，大量石油漂浮在海面，殘害海中生物。不僅如此，船體或金屬零件沉入海底也會造成汙染。二〇一〇年美國發生海底油田意外，約八十萬公秉的原油流入深海。日本也發生核電廠事故，受到輻射物質汙染的水流入海洋，在太平洋引發大規模汙染事件。

儘管海洋看起來還是那麼的美，但許多汙染正在我們看不見的地方悄悄發生。人類除了應該要謹慎運用海洋資源，也不能忽視日益嚴重的汙染問題，努力改善海洋環境是我們所有人的責任。

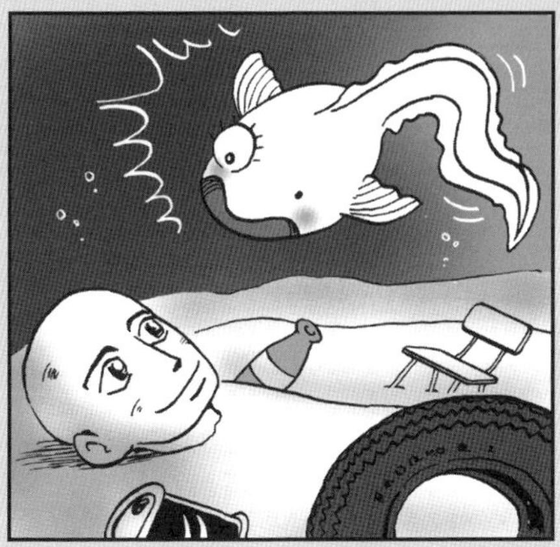

插圖／佐藤諭

無水海底散步法

小夫寄信來了……
果然來了。
好重啊，是什麼呢？
野比大雄 收
不看內容我也知道。
一定是冗長的炫耀文，還有一大堆照片……
誰要看啊!!
你看！
他去他們家在四丈半島的別墅。
而且還找了胖虎和靜香一起去。

「又是游泳大會，又是開船兜風，每天都玩得很開心。真可惜不能邀你一起過來玩。」
什、什麼嘛！那種地方，就算是你邀我，我也……想去！
「因為是離島，海底風景說有多美就有多美，剛抓來的海螺和鮑魚也是讓人垂涎三尺……你一定也很想嚐嚐吧。」
無聊！那種東西，我根本……好想吃！
這種信我一點都不羨慕……才怪!!
你其實很想去吧？
別哭。
用「任意門」一下子就到了。
可是啊……就算去了，我也不會游泳，也不會潛水……
啊，對喔。
那就算了。

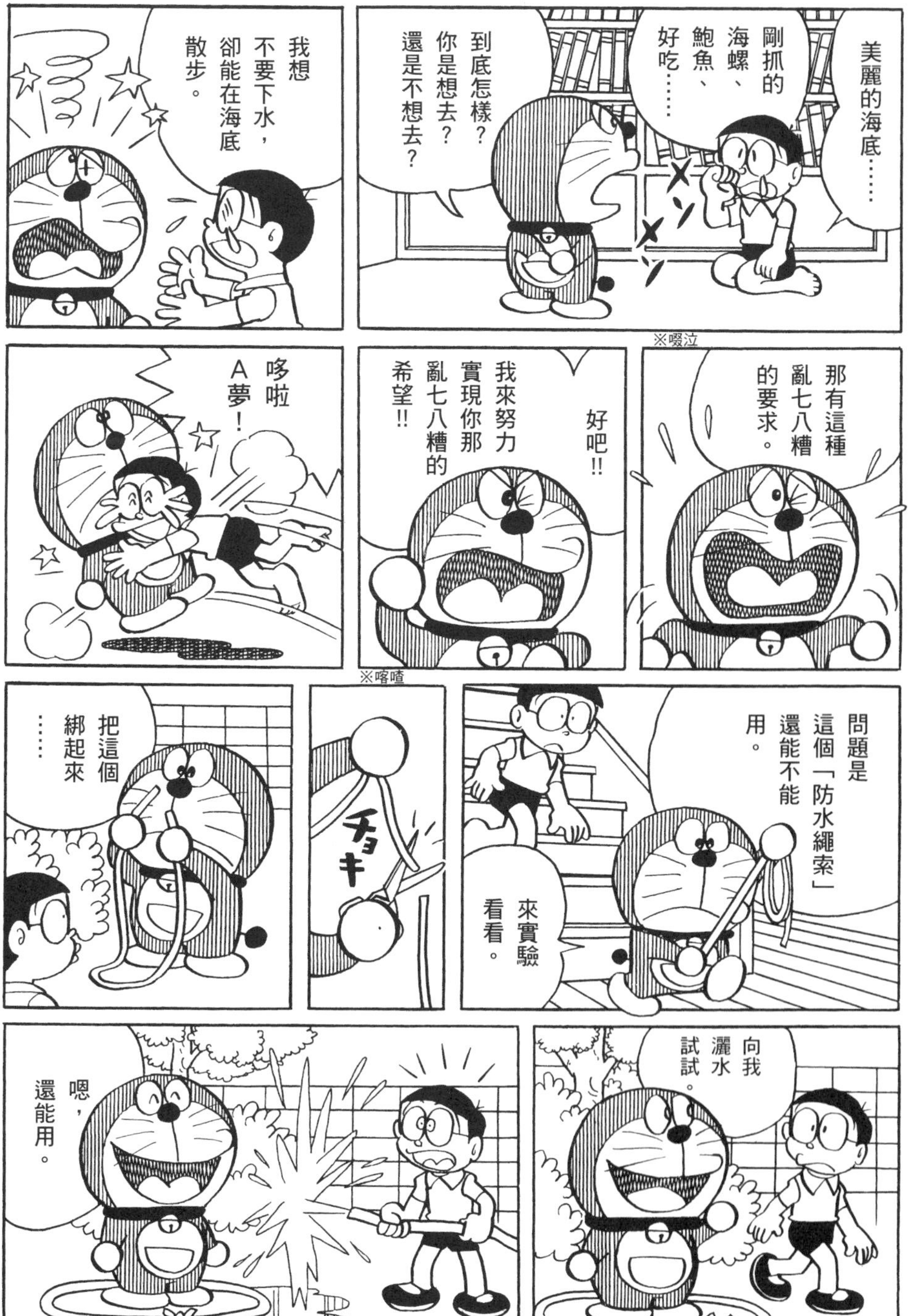
美麗的海底……
剛抓的海螺、鮑魚、好吃……
到底怎樣？你是想去？還是不想去？
我想不要下水，卻能在海底散步。
※啜泣
那有這種亂七八糟的要求。
好吧!!
我來努力實現你那亂七八糟的希望!!
哆啦A夢！
※喀嚓
問題是這個「防水繩索」還能不能用。
來實驗看看。
チョキ
把這個綁起來……
向我灑水試試。
嗯，還能用。

A 假的。有些海底是沙，有些地方則是岩石、泥土，或由浮游生物的遺骸堆積而成，型態各有不同。

Q 海底地層只能在海底觀察。這是真的嗎？

這裡就是四丈半島。
是小夫的別墅。呸!! 呸!! 呸!!
ガヤガヤ
※喧鬧聲
今天也快快樂樂坐船去玩吧！
大雄看到一定會很羨慕吧~
ドドドド
※噗噗噗噗
別管他，我們也來做準備吧！
三十公尺長應該夠吧？
電車遊戲!?
最好是啦。

A 假的。海底會因地殼變動隆起，高出海平面並形成陸地。人類曾經在山裡發現貝殼或珊瑚化石。

好，走吧!!
奇怪，海水開了一個洞！
水不會跑進這個範圍內。
如何？不下水就來到海底了喔。

チョン
啊哈哈，真好玩。
幫我拍張游泳的照片。
OK。
ザブン
※嘩啦
ゴボゴボ
※咕嚕咕嚕
カシャ
※喀嚓
快、快點！快點！
拍到了？
當然。
看起來好像快淹死了。
不用進入海裡啦。
ピョコン
※跳
カシャ
※喀嚓

海底迷宮探測號Q&A

Q

海底有平頂山地形。這是真的嗎？

這樣就好。
好痛……
啊，海螺!!
到處都是耶。
還有鮑魚耶。
那裡有更多。
抓了這麼多。
直接烤來吃。
味道真香。
咦？

A 真的。海底平頂山亦稱海桌山，指的是山頂為平台的海底山。

※噠噠噠
ダダダ
從海中冒出煙。
去看看吧！
吃得好飽啊。
我們來玩吧。
來玩抓鬼吧。
而且不是普通的抓鬼遊戲喔。
不要跑！
啊哈哈！
啊哈哈！
咚
！

海底迷宮探測號Q&A

Q 世界最深的挑戰者深淵是由「挑戰者號」發現的，挑戰者號是一艘帆船。這是真的嗎？

A 真的。挑戰者號是一艘在十九世紀後半探索全球海洋的英國帆船，曾在中途停靠日本的海港。

啊！船掉下來了。
完全撞壞了。
這不是二、三下就能修好的……
總之，先用這個……
喔，好大的紙!?
為、為什麼我們坐在紙船上!?
好醜喔!!

如果沒有海水，地球將呈現什麼樣的地形？

我想不要下水，卻能在海底散步。

插圖／加藤貴夫

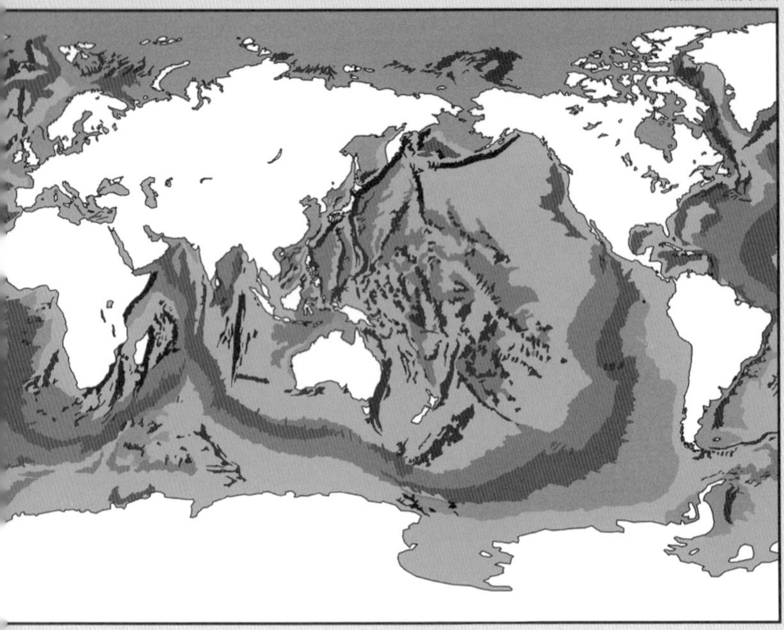

深海地形不僅有高山還有深谷

正如陸地有各種不同地形，海底也隱藏著各式各樣的風貌。過去人類只能將船開到固定場所，以繩子測量海深，了解海底地形；如今則運用人造衛星及聲納探查海底地形，所有地貌一覽無遺。

仔細觀察海底地圖就會發現包括日本周邊在內，有好幾道連續深谷包圍著整個太平洋。海洋板塊隱沒在大陸板塊之下，有些海洋板塊往更深的地方下沉，形成海溝。板塊的邊界綿延著數千公里的巨大深谷，馬里亞納海溝的挑戰者深淵深達一萬零九百一十一公尺，是全世界最深的地方，也是這道深谷的一部分。由於這道海淵是海溝裡最深的地方，也是特別需要詳細測量深度之處，因此以當初發現的船隻命名。此外，海底山谷中深度低於六千公尺的地方稱為「海槽」。

板塊受到地函對流拉扯，在地底形成一道裂痕。原本

位於地球深處的地函隆起至地面，製造大量岩漿，引發活躍的火山活動。噴發出來的岩漿填滿了這道縫隙，形成雄偉的火山山脈，也在太平洋、印度洋與大西洋的廣闊海底形成一條區分海域的洋中脊。直到現在，洋中脊仍在持續建造新的海底地貌。

特別專欄

夏威夷島是地球上最大的山

陸地上最高的山是海拔 8848 公尺的聖母峰，但地球上最高的山則是夏威夷島的毛納基火山。雖然其海拔高度只有 4205 公尺，不到聖母峰的一半，但這座山的山腳位於海底，若從太平洋海底計算，它的高度竟有 10,203 公尺！夏威夷島是由五座火山重疊而成，旁邊的毛納基火山是全世界體積最大的山，達富士山的五十倍左右。

插圖／佐藤諭

地函對流持續推動板塊

地球表面覆蓋著一層岩石地殼，地殼與地函的上半部合計深度一百公里內的範圍，稱為「板塊」。整個地球一共分成了十四到十五個板塊，每年以數公分的速度移動。地函雖然是固態岩石，但是若以數千年為單位來看就會發現，地函其實像液體一樣受到溫差影響而流動。

地函對流產生的拉力，正是板塊移動的原因。

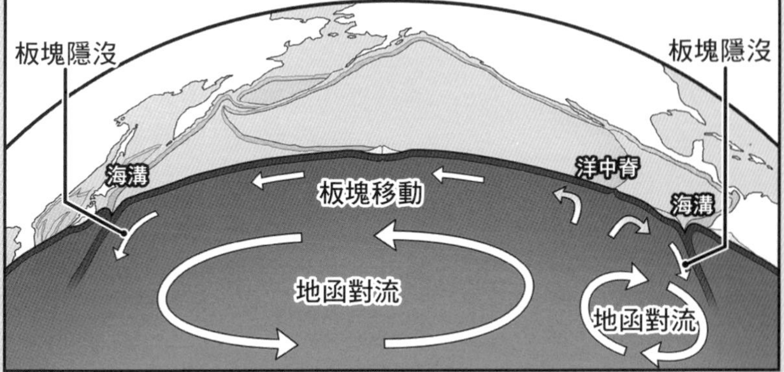
板塊隱沒
板塊隱沒
海溝
洋中脊
海溝
板塊移動
地函對流
地函對流

插圖／加藤貴夫

板塊移動創造地球的現有地貌

咦？

大地是在何時、以什麼方式形成的？

地球剛開始出現海洋時，整個地球都是大海。儘管海底火山爆發，也只形成島嶼，沒有任何大陸。比較大陸與海底岩石就會發現，大陸主要以花崗岩質為主，海底則是以玄武岩質為主，成分完全不同。花崗岩質的岩石是兩個板塊衝撞時，海洋板塊沒入地球內部，堆積在海底的物質被另一個板塊往上推擠而成，久而久之便成為現在的大陸。地球歷史發展到現在約四十六億年，到目前為止，地球共有三次顯著的大陸生成期，分別是二十七億年前、十九億年前與七到五億年前。

插圖／佐藤諭

▲ 海洋剛成形時，地球上沒有陸地。

加拉巴哥群島的自然環境是由熱點創造出來的

當高溫的地函被推擠至地表附近，就會融解成為岩漿，引發火山活動。此處稱為「熱點」。若熱點上剛好有板塊移動，便會陸續噴發出一個個火山島。加拉巴哥群島也是以這個方式形成的火山島，由於加拉巴哥群島從未與任何大陸連在一起，島上生物未曾與島外生物交流，因此造就出島上獨一無二的生態系統。

插圖／加藤貴夫

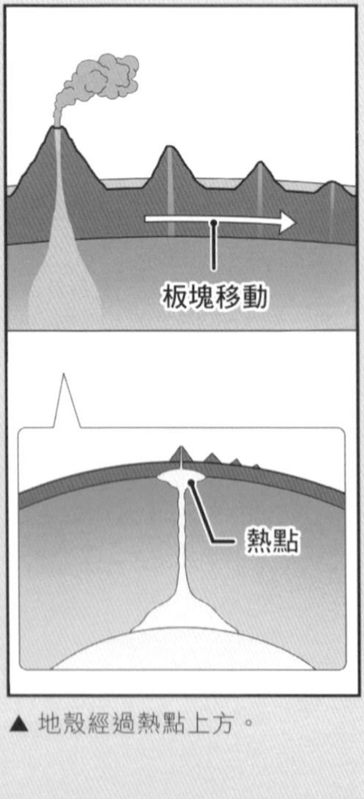
板塊移動
熱點

▲ 地殼經過熱點上方。

板塊移動形成的超大陸

回顧板塊移動的軌跡，可以發現很久以前似乎所有大陸都聚集在一處，稱為「超大陸」。一般來說，第一塊超大陸是大約十九億年前形成的妮娜大陸，距今四到五億年前又形成一次，接著不斷分裂。

現在的地球正處於分裂期的後期，科學家預估，約兩億五千萬年後，地球將形成下一個超大陸。雖然很難正確預測，但一般認為下一個形成的是阿美西亞大陸或終極盤古大陸。

插圖／加藤貴夫

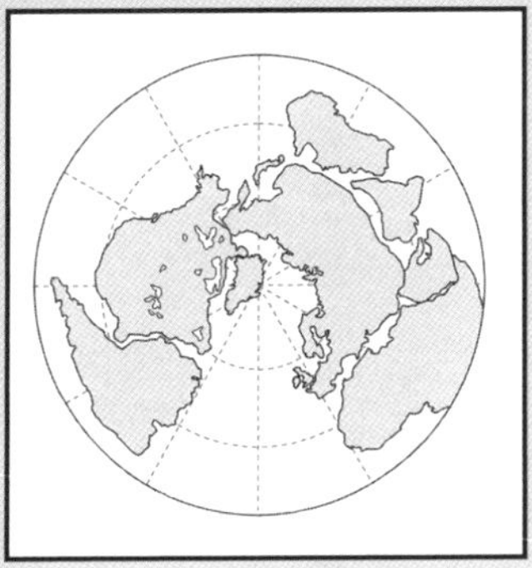

▲阿美西亞大陸學說。

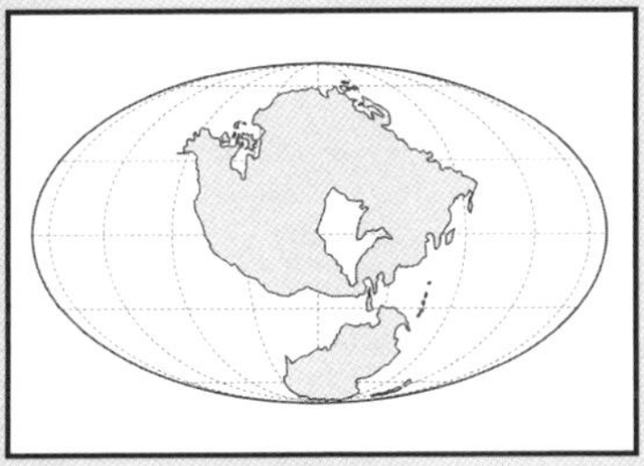

▲終極盤古大陸學說。

日本的火山造就大海

當海洋板塊從海溝隱沒至大陸板塊底下，同時也將含有大量水分的岩石帶入地球內部。由於地球內部的環境溫度極高，一旦沒入地下約一百公里以下的深處，內含水分、容易融化的岩石就會變成岩漿往上升，堆積在地下數公里處，發展出活躍的火山活動。在海溝與板塊邊境較接近大陸板塊的地方，沿著海溝形成多座火山，這樣的現象稱為「火山前線」。

日本有許多火山幾乎都是位於板塊邊境的火山前線。

插圖／加藤貴夫

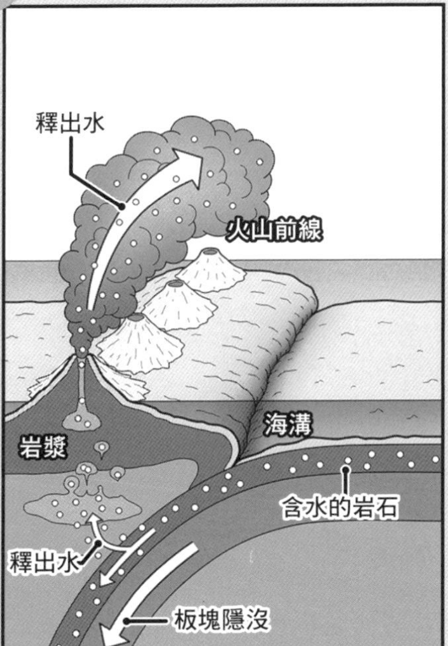
釋出水
火山前線
海溝
岩漿
含水的岩石
釋出水
板塊隱沒

到處都是魚耶。
還有鮑魚耶。

甲烷水合物被稱爲燃燒的冰塊

有一種物質叫做甲烷。由於屁裡面含有甲烷，不少人以為甲烷是臭的，事實上，甲烷氣體無色無味。甲烷氣體造成的空氣汙染，和釋放出的溫室效應氣體較少，比石油與煤更乾淨，因此是火力發電、液化天然氣的原料。日本高達九成七的甲烷仰賴國外進口。

其實，甲烷大量存在於日本近海。在地底生成的甲烷一旦進入水深五百公尺以下、水溫低於攝氏四度、高壓低溫的深海中，就會跟水一樣凝固成類似冰的固體。這就是又稱為「可燃冰」的甲烷水合物。專家在日本海與部分太平洋海底發現裸露在表面的甲烷水合物，若以日本現在的使用量計算，預估日本近海的資源量可使用一百年。

另一方面，甲烷是一種威力超強的溫室效應氣體，其效果是二氧化碳的二十五倍。一旦開發海底的甲烷水合物，將使得甲烷進入大氣之中，絕對不可忽視這項風險。

影像提供／U.S. Geological Survey

▲下方像冰塊的物體是甲烷水合物。

插圖／加藤貴夫

▼日本周邊的甲烷水合物預測分布圖。

▼露出地表的白色部分為甲烷水合物。

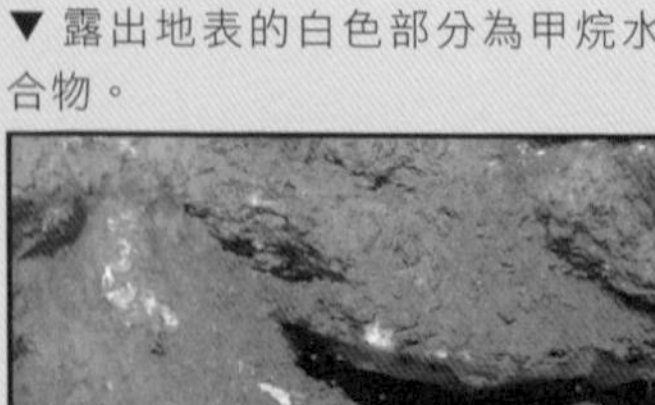

影像提供／NOAA Okeanos Explorer Program, 2013 Northeast U.S. Canyons Expedition

深海熱泉的噴發口是海底的礦山

地殼中的熱水會溶出岩石內含的物質，經年累月下來形成了「熱水礦脈」。日本最大的金礦「菱刈礦山」就是其中之一。

事實上，同樣的現象也出現在海底。當海水滲入火山活動頻繁的海底，加熱過的海水便溶出地底的稀少物質，最後從「深海熱泉」（請參照第九十二頁）將熱水噴入海中。噴發的熱水一旦接觸海水便瞬間冷卻，使溶解在水中的物質變成固體，其中甚至包含銅、鋅、鉛、金、銀等化合物。換句話說，凝結成固體的物質很可能含有大量金屬資源。

影像提供／OAR/National Undersea Research Program（NURP）; NOAA

▲熱泉中的物質與海水產生反應，形成一道看似黑煙的「黑煙囪」。

海底還有許多珍貴資源

「錳結核」是一種富含鐵和錳、大小如馬鈴薯的海底岩石凝固物，遍布在全世界的深海中。除了鐵、錳之外，還包括鎳、銅、鋁等成分。其中鈷含量高達百分之一以上的「富鈷結殼」特別受到各界矚目。

沉積在海底的泥竟擁有如此豐富的資源，令人感到振奮。根據日本政府過去的調查，堆積在南鳥島海域五千六百到五千八百公尺深海處的泥，含有「釔」、「鑭系元素」等稀土金屬。稀土金屬是製造智慧型手機以及LED等產品不可或缺的原料。

以現今技術而言，萃取深海資源有其難度，但各國政府已積極調查並從事技術開發。

這是含有稀土金屬的泥！

插圖／佐藤諭

深海潛水艇
只要兩百圓!!

哆啦A夢先生！
有您的信。
來了!!
來了、來了。
哆啦A夢不在嗎？
是掛號還是限時？
根本沒有信啊，胡說八道！
※出現
デーン
!!
又是廣告信。
東京都
這是未來百貨公司寄來的商品目錄，為了引人注目才做得這麼大。

※新商品通知。深海潛水艇（休閒用）。

新製品のお知らせ
深海潛水艇
レジャー用
安全深度
10000メー
パパの操縦で
深海探検!!
好像很好玩！快去買。
別說得那麼輕鬆。
豪華型要十一萬零三十三圓，最便宜的一般型也要五萬零一十五圓。
好貴!!
※由爸爸操控，深海探險！安全深度10000公尺
等一下！最後一頁有兩百圓的!!
那是紙做的，只能體驗海底探險的氣氛而已。
我想體驗一下。
好啦~快點買啦！
好啦。

Q 航海圖是航海必備工具，日本第一張航海圖繪製於何時？①一八六六年 ②一八七二年 ③一八八二年

要用快遞喲！
※碰咚
ドサ
已經寄到了啊。
船體〔1〕
哇——好像很難…
不過，一定很有趣。
剪的時候要小心。
別摺反了喔。
別塗太多「瞬間接著強力膠」。
知道啦，真囉嗦！
駕駛艙〔2〕
終於完成了。
立刻拿去海邊試試吧！

A ②一八七二年。兵部省海軍部水路局在這一年，發行第一張國產航海圖——「陸中國釜石港之圖」。

這是紙做的，碰到水就破了。
我說過只能體驗氣氛而已。
那麼要怎麼體驗!?
先用「縮小燈」變小……
再拿到後山。
後山？
一點氣氛也沒有!!
你先坐上去看看。
喔～裡面滿寬敞的嘛！
你看看外面。
啊——!!

海底迷宮探測號Q&A

Q 首次抵達馬里亞納海溝挑戰者深淵海底的無人探測機是美國製的。這是真的嗎？

哇——周圍都變成海了。
雖然只是假的海，不過很有氣氛吧！
那麼我們到深海去探險吧!!
出發!!
ゴボ
ゴボ
※下潛
珊瑚礁真漂亮。
怎麼看都像真的海底一樣。
你按窗戶旁邊的按鈕。
拿掉「幻覺濾鏡」後，
カチ
※喀
就可以看到原本的景色了。
スウ～
※一片寂靜

A 假的。一九九五年，日本的無人探測機「海溝號」成功抵達水深一萬零九百一十一公尺的海底。

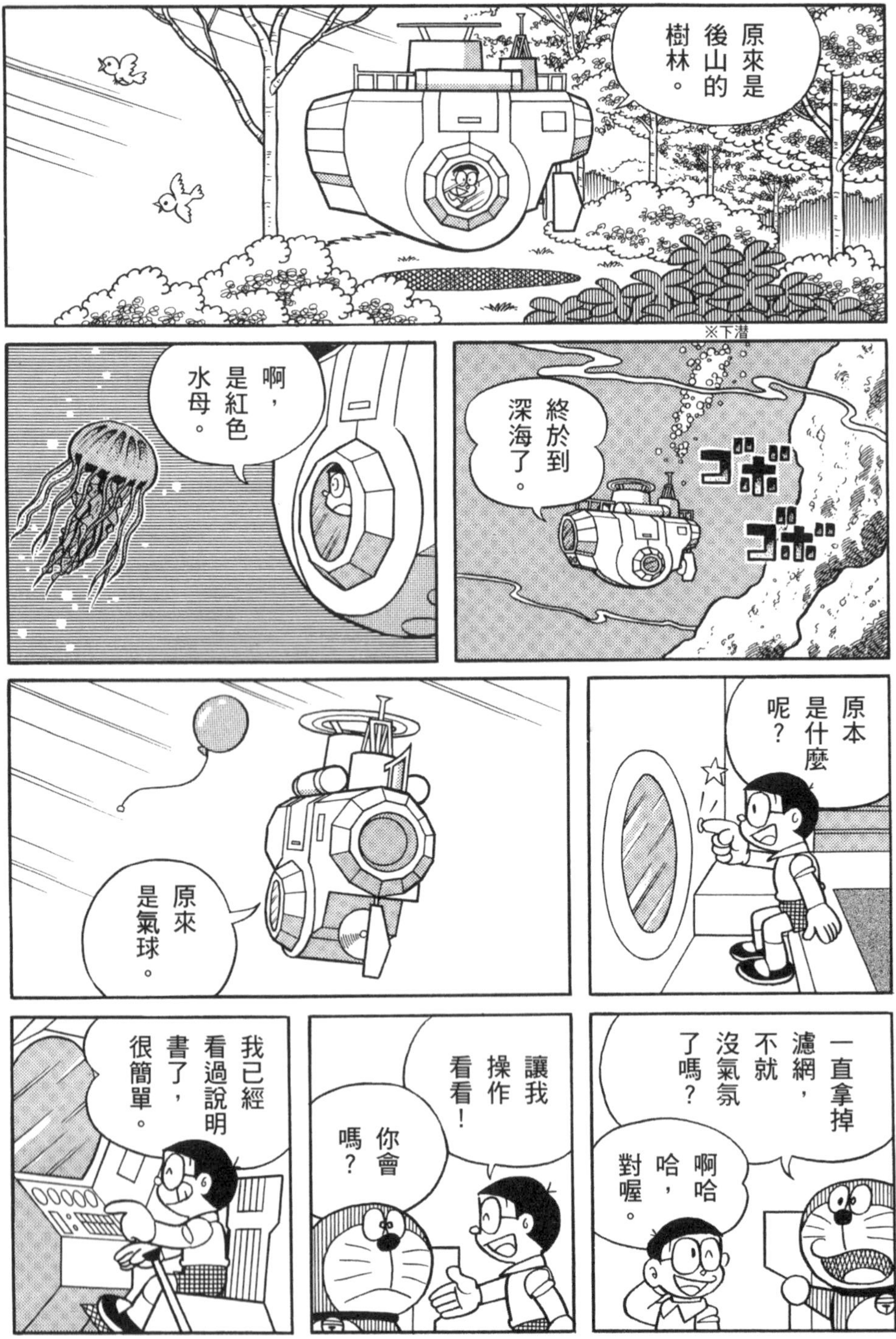
原來是後山的樹林。
※下潛
終於到深海了。
ゴボゴボ
啊，是紅色水母。
原本是什麼呢？
原來是氣球。
一直拿掉濾網，不就沒氣氛了嗎？
啊哈哈，對喔。
讓我操作看看！
你會嗎？
我已經看過說明書了，很簡單。

海底迷宮探測號Q&A

Q 為了隨時觀測聖嬰現象的浮標網，就設置在太平洋赤道海域。這是真的嗎？

啊，海底有城市的遺跡。
這一定是很久以前，沉到海底的亞特蘭提斯大陸。
只要按下這個按鈕，就能穿過岩石，繼續前進。
去調查一下吧！
是美人魚!!
明明在海底還能跳進水裡，真稀奇。
哇啊——會弄溼，快逃!!
人魚的脾氣真差。

A 真的。該海域共有美國的「TAO浮標」、日本的「TRITON浮標」，隨時觀測海中水溫、鹽分、大氣溫度、海上風向等資訊。

有兩條魚……
哈哈哈，是小夫和胖虎吧！
去捉弄他們吧！
太危險了，還是別去吧！
是哆啦A夢和大雄吧？
也讓我們坐吧！
不要!!
竟敢瞧不起我們!!
ガッン
ガッン
早跟你說了！
快逃!!
ズボ
ズボ
船舵被打壞了。
フラ
フラ
無法控制了。

※擊中

※東倒西歪

※搖晃

海底迷宮探測號Q&A

Q

日本是全世界吃最多鮪魚的國家。這是真的嗎？

A 真的。全球的鮪魚漁獲量每年超過兩百萬噸，其中三分之一到四分之一皆銷往日本。

哇啊！
要掉下去了!!
!?
是海底火山!!
怎、怎麼可能!?
要掉到火山口了!!
ズシン
※墜落
潛水艇失火了!!
快逃!!
這是什麼海底探險的氣氛嘛!!
是你操縱技術太差了!!
幸好我們沒有坐上去。

ゴボ

海洋調查僅有一百五十年歷史

挑戰者號是全世界第一艘海洋探測機

人類從西元前便出海捕魚，或跨越海境到另一個國家從事貿易，過著與海為伴的生活。然而，遼遠無垠的廣闊大海，也是人類長年以來的冒險世界。隨著造船技術的發達、羅盤（地磁感應羅盤）的實用普及，十五世紀之後，歐洲各國開始前進海洋世界冒險。十五世紀末，哥倫布橫越大西洋，到了十六世紀初，麥哲倫等人成功環遊世界，證實了「地球是圓的」這個假設。儘管大航海時代就此展開，航海技術突飛猛進，不過，直到很久之後，人類才開始進行詳細的調查與深入研究。

話說回來，人類第一次真正的海洋調查始於一八七〇年代，英國海軍研究船挑戰者號花了三年半左右的時間，從大西洋、印度洋、南冰洋到太平洋，接著又回到大西洋。航行過程中，挑戰者號調查了全世界三百六十二處，除了測量水深與海水溫度外，更採集了海底堆積物、岩石、生物等樣本。最後發表共五十卷、頁數達三萬頁的《挑戰者號報告書》，詳細記載其調查結果，至今仍是海洋研究的聖經。挑戰者號該次的航行也抵達了世界上最深的海底，位於北太平洋的馬里亞納海溝（最深處為一萬零九百一十一公尺）。當時以繩子綁著鉛錘往下沉，測量海溝深度，留下海深八千一百八十四公尺的紀錄。

插圖／佐藤諭

▲現在可用音波探測海底深度，但過去只能以繩子綁著鉛錘往下沉，進行測量。

插圖／佐藤諭

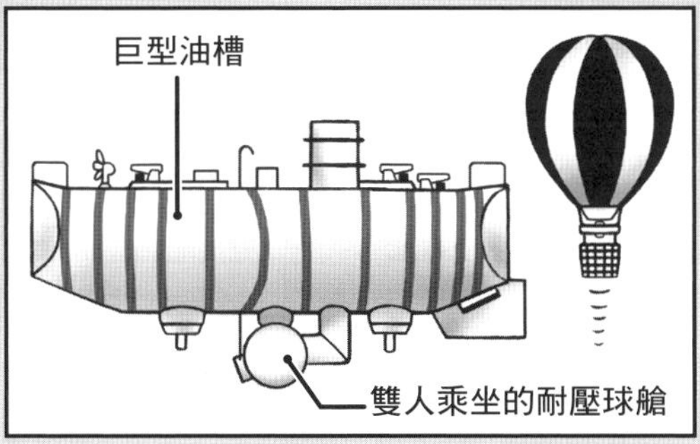
巨型油槽
雙人乘坐的耐壓球艙

▲ 運用熱氣球靠熱空氣上升的原理，Bathyscaphe 深海潛水艇將比海水還輕的石油當成浮力材料運用，可說是「海底氣球」。

推動深海調查史的載人潛水艇特里亞斯號

人類在海中無法呼吸，加上每十公尺水壓便增加一氣壓，因此從技術層面來看，人類很難長時間潛入深海。深海如今仍被譽為「地球上僅存的最後祕境」，那是一個無法輕鬆靠近、充滿謎團的世界。

「Bathysphere」是人類首次成功挑戰深海的球形潛水艇，母船外吊掛著一顆直徑一點五公尺的鋼鐵製球體船艙，船艙上還有觀景窗。美國的生物學者們坐在船艙內駕駛潛水艇，於一九三四年潛入九百二十三公尺的深海。

另一艘載人深海潛水艇「Bathyscaphe」則是在一九六〇年時打破了「Bathysphere」的紀錄，一口氣抵達世界最深馬里亞納海溝的挑戰者深淵，那是超過一萬公尺的海底。「Bathyscaphe」的船體是一個裝滿汽油的巨型油槽，下方設置載人的球形耐壓駕駛艙。汽油的比重比海水小（輕），潛水艇下潛時需吊掛鉛錘，放掉鉛錘即可浮出水面。換句話說，「Bathyscaphe」是一顆將石油當成浮力材料的「海底氣球」。

基本上現代的潛水調查艇也採用相同機制。唯一的不同是，現代潛水調查艇以無數顆中空小球取代汽油，維持浮力。一九八九年，日本也利用相同機制打造了「深海6500」。這是現役載人深海潛水調查艇中潛入深度最深的潛水艇（最大潛航深度為六千五百公尺），對現代的深海調查有極大貢獻。

二〇一二年，中國的「蛟龍號潛水艇」成功潛航深度七千公尺的深海，從「深海 6500」手中搶下第一名的寶座。同年，好萊塢電影導演詹姆斯・卡麥隆乘坐「深海挑戰者號」降落在馬里亞納海溝的挑戰者深淵（水深一萬零八百九十八公尺）。這是睽違五十二年後，人類再次成功在挑戰者深淵著陸。

使用調查船與人工衛星解開海洋奧妙的謎題

若是在陸地，人類隨時隨地都能進行調查與觀測，但海洋調查必須將觀測儀器放入船裡，開船出海。人類很難連續幾天待在同一塊海域裡觀測，若遇到險峻天候與海象，更可能無法按照計畫進行。儘管如此，日本四面環海，為了詳細調查海洋、了解海洋環境、探索海洋生物，仍不畏艱難積極投入科學調查，打造多艘海洋調查船。

保護海洋安全的日本海上保安廳擁有多艘測量船，平時負責測量海底地形、監測洋流，進行各項環境調查。不僅如此，日本氣象廳將海象觀測充分運用在天氣預報上，並利用海洋氣象觀測船釐清地球環境問題。水產廳為了發展漁業，也活用漁業調查船，積極調查海洋生物的分布與棲息狀況。專門從事海洋科學調查與深海調查的海洋研究開發機構，除了運用載人深海潛水調查艇「深海6500」之外，也派出無人探查機、搭載觀測儀器的調查船，以及挖掘海底深處進行調查的地球深層探查船「地球號」。這些海洋調查船設置了各種最先進的觀測儀器，包括利用音波測量海深、地形與地質的裝置，分析海水水溫、鹽分等觀測儀，以及採集各深度海水樣本，探究內含物質的機器等。

近幾年來，人類不僅僅使用船艇觀測，更設置了海洋氣象浮標網，定點觀測聖嬰現象，或是從外太空利用人工衛星（地球觀測衛星），觀測海面水溫、高度與海冰分布等，收集了各種資訊。

影像提供／NASA/JPL-Caltech

▲觀測海洋的地球觀測衛星「Jason-3」。

影像提供／石油天然氣・金屬礦物資源機構

▲對探查海底資源做出極大貢獻的海洋資源調查船「白嶺號」。

以活用海洋資源爲目的的調查

魚類與貝類等水產資源是我們生活中不可或缺的珍貴食材，大海則是這些寶貴資源的生存場所。但石油、天然氣、甲烷水合物（當作燃料使用的甲烷氣體分子，在低溫高壓的海底被水分子包覆的狀態）等能源，以及錳、銅、稀有金屬等海底下的礦物資源都受到極大的矚目。

日本陸地狹小，大多數能源與礦物資源都仰賴進口。另一方面，包括領海與專屬經濟區（排他性經濟海域）等只有日本才能捕撈漁獲的海洋面積，也在全世界名列前茅。若能開採海底資源，日本定能成為資源大國，因此不遺餘力的調查海底資源，開發各種技術以便利用資源。二〇一二年，石油天然氣・金屬礦物資源機構派出海洋資源調查船「白嶺號」，就是為了達成此目的。船上設置了各種儀器，包括可探鑽海底四百公尺深的挖掘機、發出音波調查海底地形與地質的裝置、採集海底岩石的機器等。如何避免危害海洋，安全利用海洋資源，仍是我們尚待解決的課題，不過，這些探測與研究一定會對日後的調查與技術開發帶來不少助益。

特別專欄

利用 4000 個浮標觀測全球海洋

「Argo float」海洋觀測浮標可以取代調查船，自動探測深度 2000 公尺的海洋水溫與鹽分，並從海面透過衛星通訊傳送資料至地面接收站。如今在全世界海洋共有 4000 個。

「Argo float」為 2 公尺左右的圓筒，透過浮力調節，平時漂流在深度 1000 公尺處的深海，每十日下降至 2000 公尺處，觀測水溫與鹽分。浮上海面後，將觀測結果傳送至衛星，再次沉入海底，可說是十分精密的智慧裝置。這些觀測資料有助於預測與研究地球的氣候變遷。

啊，是紅色水母。

不斷變化的海洋環境與人類生活

誠如先前所說，地球表面積有百分之七十左右都是海洋，與大氣交換熱與水，深深影響氣候與氣象。無論是造成嚴重災情的颱風生成，或太平洋赤道海域海面溫度的變動，進而影響世界各地氣候的聖嬰現象，皆為明顯的例子。

海洋與大氣不只交換熱與水，也交換各種物質。一般認為化石燃料增加了大氣中的二氧化碳含量，是造成地球暖化最主要的原因，但是海洋吸收大氣中的二氧化碳後，引發了其他問題，這個問題就是海洋酸性化。科學家擔心如果酸性化日益嚴重，將會導致鈣質溶解於海中，使貝殼與珊瑚越來越難形成外殼（請參照第一六九頁）。

北極海的海冰是受到地球暖化影響最深的受害者，近年來夏季海冰的面積逐漸減少。專家預測，二十一世紀的後期夏季北極海的海冰將完全消失。

另一方面，海洋汙染的問題也很嚴重。隨著世界各地越來越都市化，工業繁榮發展，油汙與化學物質的汙染問題不容小覷。不過，更加不容忽視的則是漂流在海洋上的塑膠垃圾。紫外線照射與海浪侵蝕都會破壞塑膠垃圾，不僅無法回收，也會吸附有害物質，更容易被海洋生物誤食，嚴重影響海洋的生態系統。

影像提供／NASA

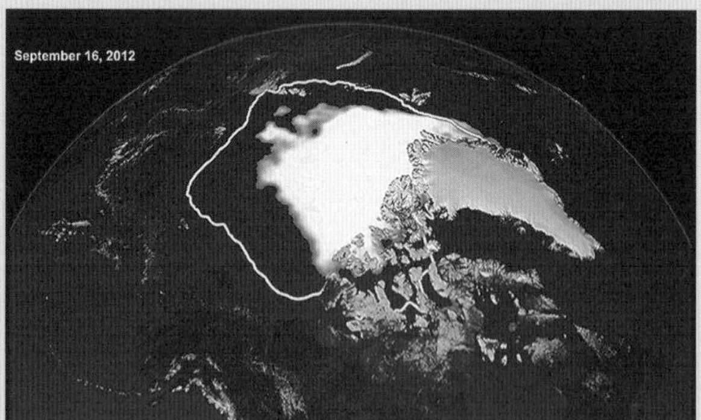
September 16, 2012

▲ 地球衛星觀測拍攝到的 2012 年夏季北極海的海冰。照片上的線代表冬季海冰的分布位置。

海洋水產資源讓人類生活更舒適

海洋調查與觀測能幫助我們正確掌握並預測瞬息萬變的海洋環境，避免異常氣象帶來災害，同時還能採取適當對策，保護海洋。

另一方面，海洋調查也讓我們深刻體會水產資源日益漸少的現況。造成這個現況的原因有很多，包括濫捕漁獲、海水溫度與洋流等棲息環境的變化。尤其減少的是黑鮪魚和日本鰻鱺這類華盛頓公約明訂保護的魚類，更引起全球矚目。

隨著養殖技術的開發，日本致力推動全新的養殖漁業。日本近畿大學水產研究所花了三十二年研究，不僅成功養殖大量黑鮪魚幼魚，更建立買賣事業，創下全球創舉。水產綜合研究中心的研究所發展出純熟技術，以人工養殖的方式成功繁殖大量鰻魚。相關研究既保存了海洋水產資源，維持人類的日常生活，也幫助我們學習如何與海洋共生，成為未來生活的關鍵。

攝影協力／日本近畿大學水產研究所

影像提供／日本近畿大學水產研究所

◀上圖為日本和歌山縣串本町近畿大學水產研究所的黑鮪魚豢養池。下圖為飼養在此處的成魚。

特別專欄

海洋預測也能運用在漁業

洋流與海水溫度變化會大幅影響秋刀魚、鰹魚等洄游魚類的洄游路線。若是能正確掌握漁場，便可知道今年該在何時何處捕魚，深深影響漁獲量。正因如此，漁業相關人士更重視從海洋觀測了解海洋環境，以及預測漁場的調查研究，目前正積極投入研究開發。不僅收集調查船、地球觀測衛星的觀測數據，精準掌握黑潮等洋流流向、流速和海面附近的水溫分布，更利用電腦模擬，建立漁場資訊。透過智慧型手機就可以輕鬆接收這些資訊的時代，好像也不遠了！

後記 海洋存在的奇蹟

海洋研究開發機構（JAMSTEC）深海・地殼內生物圈研究領域　領域長
高井研

一九六九年出生於京都府。一九九七年修畢京都大學研究所農學研究科水產專攻博士課程。先後擔任日本學術振興會特別研究員、科學技術振興事業團科學技術特別研究員，二〇〇〇年進入海洋研究開發機構（當時為海洋科學技術中心）任職。二〇〇五年轉任地殼內微生物研究專案組長，二〇一四年就任現職。

各位可能覺得意外，外太空也有大量的水。事實上，包括小行星在內，有水的行星相當多，海洋生成並不罕見。科學家推測，包括過去的火星、木星的衛星「木衛二」、土星的衛星「土衛二」在內，光太陽系就有十個左右的星球，曾經有過或現在還有海洋。話說回來，光有水還無法誕生生命。

水與岩石產生反應，在行星表面產生液體（海洋），這樣的現象能一直存在正是地球的奇蹟。

地球以外的太陽系星球即使一開始有水，後來不是幾乎消失，就是地表覆蓋一層冰，冰的裡面則是海。雖然地球剛開始的水大部分消失在外太空，但還是維持了四十億年以上地表有液體（海洋）的狀態。

各位知道海為什麼是鹹的嗎？這是因為地球岩石裡所含的鹽分受到地球本身的熱影響，以及水產生反應溶解至海裡。這個由地球內部活動產生的「熱水活動」，將各種元素溶入高溫海水，最後流入地底或噴發至地面。熱水活動目前仍然持續著，海水裡含有許多其他成分。若以大海是地球誕生時溶出各種元素的熱湯來形容，一點也不為過。

大海像母親一樣溫柔呵護剛出生的小小生命。
隨著時光流逝，生命不息，經過繁複的演化過程，開始出現藻類與三葉蟲。
這就是植物與動物的誕生緣起。

陸地找不到如此雄偉的斜坡！
這裡是大陸斜坡。綿延好幾公里直達深海底。

生命誕生需要四大條件，分別是活動所需的能量、形成生命材料的元素、水和有機物。事實上，除了水之外，其他三樣都大量的存在於宇宙之中。

不過，就算備齊四大條件，仍然需要一個地方匯集，讓生命誕生。地球的大海就像「鍋子」一樣，將所有食材全部煮成一鍋。我一直認為形成並維持海洋，與生命誕生一樣神奇，甚至可以說是比生命誕生還奧妙。海洋可說是生命誕生必備的最低條件。

我與我的同事們負責調查與研究海洋，大海比我們想像的還要遼闊。大海中超過九成九是人類從未調查過的地方，我們目前發現的海洋生物只不過是一小部分。儘管我所屬的JAMSTEC派出載人潛水調查艇「深海6500」進行調查，但深海環境十分惡劣，不僅有極大的水壓，漆黑一片，電波更無法傳遞。我們必須在比外太空更嚴峻的條件下完成調查。

深海是一個充滿謎團的世界，熱水活動區有「深海熱泉」，極可能是生命起源，當地還殘存著具備太古特質的動物。相信如果有機會踏入人類從未前往的地方，一定能發現更多全新物種。

讀到這裡，如果你也有心從事海洋探查的工作，請容許我給你一點建議。發現與收集新物種這份工作的成果簡單明瞭，令人神往。這或許是你想探索海洋世界的原因，但這不過是海洋調查的其中一個目標罷了。我希望你能站在更寬廣的角度，對更多事物抱持更大的興趣。不要獨善其身，能夠與其他研究學者、技術學家、駕駛員和支援調查工作的幕後英雄齊心協力也很重要。衷心祝福各位秉持解開海洋世界各種謎團的堅定意志，與氣味相投的同好一起埋首研究的天地，享受美好人生。

哆啦A夢科學任意門 ⑭

海底迷宮探測號

● 漫畫／藤子・F・不二雄
● 原書名／ドラえもん科学ワールド—— 生物の源・海の不思議
● 日文版審訂／ Fujiko Pro、日本科學未來館
● 日文版撰文／瀧田義博、窪內裕、丹羽毅、甲谷保和、芳野真彌
● 日文版版面設計／ bi-rize
● 日文版封面設計／有泉勝一（Timemachine）
● 日文版編輯／ Fujiko Pro、杉本隆

● 翻譯／游韻馨
● 台灣版審訂／方力行

發行人／王榮文
出版發行／遠流出版事業股份有限公司
地址：104005 台北市中山北路一段 11 號 13 樓
電話：(02)2571-0297　傳真：(02)2571-0197　郵撥：0189456-1
著作權顧問／蕭雄淋律師

2017 年 5 月 1 日 初版一刷　2024 年 2 月 1 日 二版一刷
定價／新台幣 350 元（缺頁或破損的書，請寄回更換）
有著作權・侵害必究 Printed in Taiwan
ISBN 978-626-361-414-7
遠流博識網 http://www.ylib.com　E-mail:ylib@ylib.com

◎日本小學館正式授權台灣中文版
● 發行所／台灣小學館股份有限公司
● 總經理／齋藤滿
● 產品經理／黃馨瑝
● 責任編輯／小倉宏一、李宗幸
● 美術編輯／蘇彩金

國家圖書館出版品預行編目（CIP）資料

海底迷宮探測號 / 藤子・F・不二雄漫畫；日本小學館編輯撰文；游韻馨翻譯. -- 二版. -- 台北市：遠流出版事業股份有限公司, 2024.2
面；　公分. --（哆啦A夢科學任意門；14）

譯自：ドラえもん科学ワールド：生物の源・海の不思議
ISBN 978-626-361-414-7（平裝）

1.CST: 海洋生物　2.CST: 漫畫

366.9893　　112020396

※ 本書為 2016 年日本小學館出版的《生物の源・海の不思議》台灣中文版，在台灣經重新審閱、編輯後發行，因此少部分內容與日文版不同，特此聲明。